친구의 디저트

친구의 식탁 두 번째 이야기

친구의 디저트

김지혜 만들고 씀

달콤한
순간을
만드는
디저트
레시피

앨리스

달콤한 식탁으로 놀러오세요

4년 전, 평범한 나의 일상과 식탁을 담은 책 『친구의 식탁』이 세상에 나왔습니다. 제대로 된 글을 써본 적도, 더군다나 책을 내본 적도 없던 내게는 정말 꿈같은 작업이었습니다. 실수도 많고 어설픈 과정도 많았지만, 그렇게 1년의 시간을 들여 만든 책이 나왔을 때의 기쁨은 지금도 잊지 못합니다.

처음 책이 나오던 날, 들뜬 마음을 안고 서점으로 향했던 그해 5월은 아직까지 생생한 기억으로 남아 있습니다. 유명 베스트셀러 작가들처럼 많이 팔리지 않아도 괜찮았습니다. 그냥 누군가가 책방에서 우연히 『친구의 식탁』을 펼쳐 들었을 때 잠시나마 기분 좋은 시간이 되었으면 좋겠다는 마음으로 시작한 일이었으니까요. 하지만 정말 많은 분들이 이 책을 사랑해주셨고, 내가 모르는 누군가가 나를 알고 기억해준다는 사실에 마음 벅차 잠 못 이루던 때도 있었습니다.

물론 욕심이 없었던 것은 아닙니다. 그래서 책이 나오기까지 힘든 일이 한두 가지가 아니었습니다. 두 번 다시 책 같은 건 쓰지 않겠다는 다짐만 수십 번을 했습니다. 그렇게 책이 나온 지 1년, 나는 다시 앞치마를 하고 부엌 앞에 섰습니다. 이번에는 『친구의 식탁』보다 좀 더 진솔하고 따뜻한 이야기로 채워보고 싶었습니다. 그런 욕심 때문인지 이전 작업보다 시간이 두 배 이상 소요되었습니다. 무엇보다 『친구의 식탁』을 좋아해주셨던 분들을 실망시키고 싶지 않았거든요. 그래서 더 많은 사람들이 공감할 수 있는 이야기와 음식을 담아내고 싶었습니다.

이렇게 탄생한 두 번째 이야기는 사계절의 순서로 담은 디저트입니다.

3년 전 이 책을 처음 시작할 때만 해도 사계절이 주는 의미를 대단하게 여기지 않았습니다. 하지만 지금은 계절에서 인생의 진리와 힘을 발견합니다. 디저트 책에서 '인생의 의미'를 이야기하는 것이 거창하게 보일 수도 있습니다. 겨울이 가면 봄이 오고, 슬픔이 있으면 기쁨도 있습니다. 그동안 흔하게 들어왔던 이 말이 책을 쓰면서 얼마나 공감 갔는지 모릅니다. 기쁨의 순간부터 어깨가 들썩일 만큼 서럽게 울던 시간까지, 축하와 위로의 시간에는 늘 음식이 있었습니다. 그렇게 쌓인 추억과 맛은 인생을 살아가게 하는 원동력이 되며, 꿈을 꾸게 합니다.

이 책을 쓰는 동안 많은 것에 고마움을 느꼈고 또 많은 꿈을 꾸게 되었습니다. 시간이 흐른 만큼의 여유와 연륜이 생겼고 사랑하는 법을 조금이나마 알게 되었으며, 마음이 풍요로운 사람이 되어야겠다는 깨달음도 얻었습니다. 그리고 그 풍요로운 마음을 한 그릇의 밥, 한 접시의 디저트로 이야기하고 싶다는 꿈이 생겼습니다.

오랜 기다림 끝에 선보이는 『친구의 디저트』는 전문 파티셰가 아닌 월요병에 시달리는 대한민국의 평범한 월급쟁이가 구워낸 디저트 이야기입니다. 화려한 레시피가 아닌 소박한 오븐 이야기입니다.

　냄비 안에서 근사한 냄새를 풍기며 익어가는 요리만큼 달콤한 냄새를 풍기며 오븐에서 구워지는 케이크를 바라보는 시간은 참 행복했습니다. 그리고 이제는 책을 통해 하던 이야기를 직접 만나 하게 되는 날을 꿈꿔 봅니다.

　첫 번째 책이 나오던 날, 온 동네방네 자랑스럽게 자랑하던 나의 가장 친한 친구이자 사랑하는 우리 가족, 늘 든든한 지원군 상영, 마지막으로 이 책에 나오는 나의 소중한 친구들, 모두 감사하고 사랑합니다.

　사랑하는 이들과의 시간은 늘 짧고 아쉽습니다. 그들과의 따뜻한 시간을 달콤하게 연장해줄 이야기가 이 책에 있었으면 좋겠습니다.

　나는 아직도 인생이라는 계절의 봄에 서 있다고 생각합니다. 꽃샘추위가 매서운 3월의 봄은 아니지만, 벚꽃이 날리고 초록이 빛을 발하는 봄도 아니라고 생각합니다. 겨울과는 조금 떨어진, 조금은 편안하고 밖으로 나가볼 용기도 생겨나기 시작한 봄이라고 생각합니다. 나의 본격적인 봄이 시작되고, 가장 좋아하는 계절이자 에너지 넘치는 젊은 날의 계절인 여름이 오길 기다립니다. 이제 내 인생의 두 번째 이야기인 『친구의 디저트』가 시작됩니다. 세 번째 이야기는 인생의 초여름에서 시작하길 기대해봅니다.

서른두 번째 가을을 앞두고,
마지

c o n t e n t s

봄

Spring 1

초봄 제주의 기억

한라봉 파운드케이크

상큼한 한라봉이 버터와 만나면 그 풍미는 배가 된다.
집 안 가득 퍼지는 한라봉 파운드케이크 향에 취해
내년 봄의 제주도를 그려보는 것은 어떨까.

내게 있어 여행의 추억은 언제나 그곳의 '향'으로 기억된다. 부산 남포동 광장 입구에서부터 퍼지던 호떡의 달짝지근한 기름 냄새, 통영 곳곳에 스민 멍게 향은 여행하는 내내 나의 식욕을 자극했다. 태국 방콕에 갔을 때는 장소를 불문하고 여기저기 퍼져 있는 레몬그라스 향에 빠져 허우적대기도 했다. 그때 그 향은 서울로 돌아온 후에도 한동안 내 주변을 맴돌았다.

많은 여행지 중에서도 나에게 특별한 향과 추억으로 남은 곳은 제주이다. 대한민국에서 가장 좋아하는 여행지이기도 하고, 수많은 추억과 향이 남아 있는 곳이며 언젠가 한번쯤 살아보고 싶은 곳이기도 하다. 유채 향을 맡으며 커피를 마시던 3월의 산방산도, 중문 앞 바다를 바라보며 먹던 싱싱한 회와 바다 요리, 동백꽃 날리는 제주의 초봄 향도, 모두 제주를 그리워하게 하는 장치가 되었다. 그중에서도 가장 기억에 남는 건 바로 한라봉.

봄이 오는 곳곳을 정처 없이 누비다 아무 곳에나 내려 사진 찍기를 반복한 여행. 그때도 어김없이 카메라를 향해 행복한 미소를 지어보이며 셔터를 누르고 떠나려는데 계속해서 내 입가에 미소가 떠나질 않았다. 뒤에서 풍겨오는 달콤한 향 덕분에 연신 미소가 지어졌던 것이다. 서 있는 곳을 둘러보니 한라봉 나무가 있었다.

제주도에 오면 늘 사게 되는 것이 귤과 한라봉, 초콜릿이었지만 이렇게 제대로 한라봉 나무에서 한라봉의 달콤한 향을 맡은 적이 있었던가. 살랑거리며 불어오는 바람에 스며 있는 한라봉 향은 자연의 선물이자 제주도의 기억이 되었다. 제주도가 좋아 제주를 그리워하며 매해 이곳을 찾았지만, 갈 때마다 새롭게 만나는 기억의 장치 덕에 여전히 제주도는 새롭기만 하다. 아마 늘 그리워하고 동경하겠지.

제주도 여행의 마지막 날, 가족들을 위한 선물로 한라봉을 사러 갔다. 여행자들과의 흥정에 도가 튼 어느 길가 한라봉 가게 아주머니와 약간의 흥정을 거친 후 가족들에게 선물할 실한 놈을 고른다. 서울로 오는 비행기에 몸을 싣고 제주도와 작별한 지 이틀째, 내가 고른 한라봉이 집으로 왔다.

돈을 주고 산 것이지만, 선물받은 기분이랄까.

혹시 그날 나와 사진 찍은 한라봉 나무의 한라봉이 아닐까라는 엉뚱한 상상에 잠시 즐거워지기도 했다. 그리고 어느 사이엔가 한라봉을 깨끗하게 씻고 다듬고 있는 나를 발견했다. 껍질을 곱게 벗겨내고 즙을 짜낸다. 한라봉 필링이 가득 든 케이크를 굽기 위해!

그 자체로도 상큼한 한라봉이 버터와 만나니 그 풍미는 배가 된다. 집 안 가득 퍼지는 한라봉 파운드케이크 향에 취해 내년 봄의 제주도를 그려보는 것은 여행의 또 다른 재미겠지.

| 한라봉 파운드케이크 |

한라봉 껍질 20g • **한라봉 과즙 30g** • **무염버터 90g** • **설탕 80g** • **박력분 115g** •
베이킹파우더 1t • **소금 1g** • **우유 30g** • **달걀 70g**

한라봉
필링

1 ··· 한라봉은 깨끗하게 씻은 뒤
끓는 물에 살짝 데쳐준다.

2 ··· 1의 한라봉은 껍질을 벗겨 노란 껍질은 잘게 다져주고,
과육은 즙을 낸다.

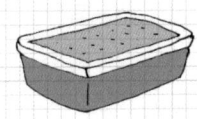

3 ··· 실온에서 녹인 버터에 설탕을 넣고 잘 섞어준다.
4 ··· 3에 달걀을 3~4회에 걸쳐 나누어 넣고 잘 섞어준다.
5 ··· 4에 다진 한라봉 껍질과 체로 두 번 내린 박력분,
소금, 베이킹파우더를 넣고 섞어준다.

6 ··· 5에 한라봉 과즙과 우유를 넣고 섞어준다.

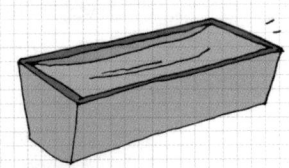

7 ··· 파운드 틀 안쪽에 버터를 잘 펴서 바르고
6의 반죽을 부은 후 반죽 가운데에는
칼집을 넣어준다.

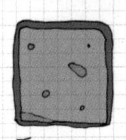

Foundcake

8 ··· 170도로 예열한 오븐에 30~40분간 구워준다.
젓가락으로 찔렀을 때 반죽이 묻어나지 않으면 완성!

너와 나의 벚꽃 시간

레몬 꽃케이크

이번 벚꽃놀이에는 특별한 디저트를 준비했다.
벚꽃 모양은 아니지만,
달콤한 향이 가득한 꽃 모양의 작은 케이크이다.

버스커버스커의 「벚꽃 엔딩」이 길거리에 울려 퍼지는 계절이 온다. 연인들의 계절, 봄이다. 길 가득 흩날리는 벚꽃 잎이 모든 연인들을 축복해주는 듯한 사랑스러운 계절.

모든 연인들이 그렇듯이 나 역시 4월이 되면 정해진 수순을 밟듯 연인과 꽃놀이 약속을 잡는다. 몇 번의 봄을 함께해서일까, 처음 우리가 함께했던 봄만큼 설레지는 않지만 익숙한 너의 큰 손을 잡고 걷는 벚꽃 길이 좋다.

언제나 그렇듯 세상에서 내가 제일 예쁜 여자라는 눈빛으로 바라보며 벚꽃 길의 나를 카메라에 담아준다. 나 역시도 네게 자연스럽게 카메라를 넘기며 말한다.

"나, 꽃 사진 이렇게 나오게 찍어줘. 하체는 꼭 안 나오게 찍어주고."

그렇게 열심히 내 사진을 찍어주던 네 손에서 순간 카메라가 떨어졌다. 네 손을 벗어난 카메라는 그대로 아스팔트 위로 내려앉았다.

순간 화를 참지 못한 나는 네게 고래고래 소리를 질렀다. 정신 좀 차리라고, 카메라가 망가지면 어떻게 할 거냐고 비수 담은 말을 네게 쏟아내고 말았다. 뒤로 펼쳐지는 아름다운 벚꽃 나무와 상반된 나의 표정에 너의 표정 역시 굳어간다. 정말 미안해하는 얼굴로 사과하며 쩔쩔매는 너를 보니 불현듯 이런 생각들이 떠오른다.

'우리가 사귀기 시작한 지 얼마 되지 않은 때였다면 내가 이렇게 불같이 화를 낼 수 있었을까. 나에게 너는 이미 너무 편한 상대가 되어버린 걸까?'

벚꽃 길과 상반되는 우리의 순간에 후회가 밀려오며 나란 인간의 못된 성격에 죄책감이 드는 순간이었다. 찌그러진 카메라 렌즈 한쪽을 볼 때마다 나의 연인이자 둘도 없는 친구인 네가 생각나 늘 미안한 마음이 든다. 사실 망가진 필터 부분만 교체하면 되는데 왜 그렇게 화를 냈을까.

지난봄의 나를 후회하며 이번 벚꽃놀이에는 특별한 디저트를 준비했다. 벚꽃 모양은 아니지만, 달콤한 향이 가득한 꽃 모양의 작은 케이크이다.

너를 생각하며 버터를 녹이고, 틀에 반죽을 붓고, 오븐에 넣고 지켜본다. 40분 후 그다지 예쁘지는 않지만 꽃 모양으로 구워 나온 케이크를 보니 빨리 너를 만나고 싶다는 생각이 든다.

시간이 지날수록 편해지는 연인 사이에 대한 반성을 담은 케이크.

앞으로 우리들의 벚꽃 시간에는 늘 이 카메라와 케이크가 함께였으면 좋겠다.

| 레몬 꽃케이크 |

[케이크] 버터 120g ● 박력분 150g ● 슈거파우더 110g ● 달걀 1.5개 ● 크림치즈 100g ● 바닐라엑
기스 ½t ● 베이킹파우더 4g ● 베이킹소다 1T ● 레몬 1개

[레몬 잼] 레몬 1개 ● 버터 30g ● 달걀노른자 1개 ● 설탕 50g ● 베이킹소다 1T

[케이크]

   1··· 실온에 둔 버터와 크림치즈를 풀어준다.

   2··· 1에 달걀 물을 3회에 걸쳐 넣어가며 휘핑한 뒤, 바닐라엑기스를 넣어준다.

   3··· 끓는 물에 베이킹소다 1T를 넣고 레몬을 살짝 데쳐준다.

   4··· 2에 체에 내린 가루와 얇게 다진 레몬 껍질을 넣고 가볍게 섞어준다.

   5··· 4에 레몬 즙을 넣고 마저 섞어준다.

   6··· 틀에 버터를 바른 뒤 5의 반죽을 넣고 바닥에 두세 번 탕탕 쳐준다.
       170도로 예열한 오븐에서 30~35분간 구워준다.

   7··· 식힌 케이크 위에 레몬 잼과 슬라이스한 레몬을 올려주면 완성.

3··· 볼에 레몬 즙, 설탕, 버터를 넣고 중탕으로 끓인다.

4··· 3에 달걀노른자와 다진 레몬 껍질을 넣고 끈기가 생길 때까지 저어주면 완성.

[레몬 잼]

   1··· 끓는 물에 베이킹소다를 넣고 레몬을 살짝 데쳐준다.

   2··· 껍질은 잘 다져서 준비하고, 남은 과육은 즙을 낸다.

Spring 3

심플한 게 좋아요

딸기 쇼트케이크

딸기와 생크림이 주는 조화가 훌륭해
딸기의 계절이 돌아오면
꼭 만들어보라고 추천하고 싶은 딸기 쇼트케이크!

나이가 들수록 취향도 심플해지는 것 같다. 먹는 것도, 입는 것도.

어릴 때는 레이스가 촘촘히 달려 있는 블라우스가 그렇게도 좋았었는데 나이가 들수록 레이스는커녕 장식 하나 없는 흰색 셔츠가 좋아진다. 어린 시절 다이어리가 형형색색 펜과 스티커로 채워졌다면 지금 내 다이어리는 온통 검정 볼펜 자국뿐이다. 나이가 들어감에 따라 무심해지는 것인지 어떤 것인지는 몰라도 확실한 것은 그만큼 심플해진다는 것이다.

이 심플한 취향은 먹는 것에도 영향을 주는 모양이다. 예전에는 휘핑크림과 시럽이 올라간 달콤한 커피나 파르페가 좋았다면, 이제는 아무것도 추가하지 않은 블랙커피나 라테가 좋다. 이런 게 어른의 입맛이라는 걸까.

심플한 취향은 나의 취미인 베이킹에도 이어진다. 자고로 디저트는 아기자기한 맛이 있어야 하지만, 케이크와 타르트는 심플한 게 좋다는 나만의 원칙이 있다. 특히 케이크는 크림만 올려놓는 기본 스타일을 좋아한다. 그래서인지 어디에서나 볼 수 있는 프랜차이즈 빵집의 케이크는 내 취향과 거리가 너무 멀다. 아마 이런 이유로 내가 베이킹을 시작하게 되었는지도 모른다. 화려한 장식이 없는 심플한 케이크에 대한 열망!

당근 케이크도 치즈케이크도, 그리고 가장 좋아하는 딸기 케이크도 심플한 게 좋다.

홍대에 가면 유명한 케이크 가게가 있는데 이곳의 대표 메뉴는 심플한 생크림 딸기 케이크이다. 이곳 케이크가 사람들에게 인기 있는 이유는 물론 맛도 맛이지만 심플한 달콤함이 주는 위안도 큰 것 같다. 심플한 케이크는 재료의 맛을 제대로 느낄 수 있으니 일석이조의 즐거움도 있다.

생각보다 어렵지 않은 딸기 케이크를 좀 더 쉽게 만드는 방법도 있다. 바로 시판 카스텔라를 이용하는 것! 카스텔라를 슬라이스해서 그 사이사이에 딸기와 생크림을 바르고 마지막에 생크림으로 겉을 마감해주면 완성이다. 딸기와 생크림이 주는 조화가 훌륭해 촉촉한 케이크 시트가 아니더라도 그럴싸한 맛이 난다. 팬케이크를 구워서 대체해도 맛있다. 딸기의 계절이 돌아오면 꼭 만들어보라고 추천하고 싶은 딸기 쇼트케이크! 여섯 조각으로 나누어 가족들의 접시에 한 조각씩 올려보는 건 어떨까.

심플한 즐거움, 딸기 쇼트케이크이다.

| 딸기 쇼트케이크 |

[케이크 시트(원형 2호 분량)] 박력분 90g ● 달걀 3개 ● 설탕 90g ●
녹인 버터 30g ● 베이킹파우더 ½t ● 바닐라엑기스 ⅓t
[생크림] 생크림 500g ● 설탕 50g ● 시럽 2T ● 딸기

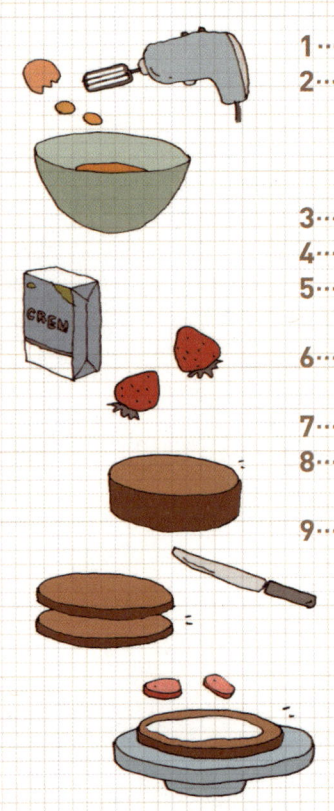

1 ··· 달걀과 버터는 미리 실온에 꺼내놓는다.

2 ··· 달걀흰자 3개를 볼에 넣고 설탕 60g을 세 번에 걸쳐
나누어 넣고 빠르게 저어 거품을 낸다.
거품기로 들어 올렸을 때
머랭 끝이 휠 정도로 저어주면 된다.

3 ··· 달걀노른자 3개와 설탕 30g을 섞고 계속해서 저어준다.

4 ··· 3의 노른자에 2의 머랭 ½을 넣고 재빨리 섞어준다.

5 ··· 4에 체에 쳐둔 박력분과 베이킹파우더를 넣고
아래에서 위로 가볍게 섞는다.

6 ··· 5에 남겨둔 머랭을 마저 붓고
유산지 깐 케이크 틀에 붓는다.

7 ··· 160도로 예열한 오븐에서 35~40분간 구워준다.

8 ··· 장식용 생크림은 생크림에 설탕을 넣고
빠르게 저어서 만들어준다.

9 ··· 딸기는 물기를 제거하고 ⅔는 슬라이스한다.

10 ··· 3등분한 케이크 시트에 생크림을 바르고
딸기를 올리는 작업을 반복한다.

11 ··· 3개의 케이크 시트를 쌓은 뒤 생크림을
겉면에 모두 발라주고, 딸기로 장식한다.

strawberry
short cake =

Spring 4

추억의 맛

크랜베리 쿠키

최고급 버터와 식자재로 만든 고급 쿠키는 아니지만
가끔은 집에서 만든 건강한 쿠키 맛을 느껴보자.
새콤달콤한 크랜베리를 담뿍 담아!

나의 취미이자 내가 가장 아끼는 공간인 블로그.

블로그에 나의 일상을 담고 내 추억의 시간과 이야기를 담기 시작한 지 7년째다. 평범한 나의 이야기를 다른 이들과 나누기 시작한 시간이 벌써 7년. 그 안에서 많은 사람들을 만났고, 나의 시간은 고스란히 기록되었다. 21세기라는 단어가 이제는 오래된 이야기처럼 느껴질 만큼 세상은 변했고 일기장이 아닌 인터넷 세상에서 이야기를 시작한 지 벌써 10년이 되어간다.

좋은 카메라로 나의 일상을 담아내고 기록한 시간들이기도 하다. 블로그에 담기 위해서 일부러 사진을 찍고, 빠르게 기록하기도 했다. 그런데 어느 날 문득 점점 블로그와 멀어지는 나를 발견했다. 새로운 글과 사진을 올리고 사람들과 나의 이야기를 나누는 것은 재미있는 일이지만, 글을 올리고 나면 왠지 그 추억의 시간이 정말 끝나버리는 듯한 기분에 젖곤 했다.

추억을 한 공간에 가두는 순간, 추억의 빛은 점점 옅어진다는 것을 7년 만에 알았다. 나의 머릿속에 담긴 시간을 외부로 옮기면 가슴속에만 있던 그 시간이 나눠진다는 것을, 스마트해진 세상이 다 좋지만은 않다는 것을, 나는 조금씩 깨닫고 있었다.

아무리 훌륭한 카메라가 있어도, 뛰어난 기술이 있어도 자연 그대로의 모습을 똑같이 옮길 수는 없다는 사실을 다시금 깨닫게 된 것이다.

정말 가슴속에 남기고 싶은 감동의 시간은 카메라로 남기지 않으려고 한다. 그 순간, 최대한 눈과 가슴으로 찍고 기억하려 한다.

아름다웠던 나의 추억 또한 최대한 천천히 블로그에 기록한다. 헤어지기 싫은 마음이랄까.

디지털이 해결해줄 수 없는 아날로그만의 감성인 것이다. 넘쳐나는 디지털 시대에 아날로그의 빈자리를 사무치게 그리워하고 있었다는 것을 깨달은 지금, 조금은 천천히 걸어가고 기억하려 한다. 최고급 버터와 식자재로 만든 고급 베이커리의 바삭한 쿠키도 좋지만, 가끔은 집에서 만든 건강한 쿠키 맛이 생각나는 것처럼.

| 크랜베리 쿠키 |

**박력분 100g ● 버터 70g ● 설탕 50g ● 달걀노른자 1개 ● 소금 ⅛t ●
베이킹파우더 2g ● 말린 크랜베리 50g ● 바닐라에센스 1t**

1··· 실온에 꺼내둔 버터를 풀어준다.

2··· 1에 설탕을 넣고 풀어준 뒤
서걱거림이 없어지면 달걀노른자를 넣고
다시 섞는다.

3··· 체 친 박력분과 베이킹파우더를 넣고
반 정도만 섞일 만큼 가볍게 저어준 뒤,
크랜베리를 넣고 다시 섞어준다.

4··· 둥근 기둥 모양으로 뭉친 반죽을
냉동실에서 1시간가량 굳힌 뒤 꺼내서
0.5밀리미터 두께로 썰어준다.

5··· 180도로 예열한 오븐에서 12분간 구워준다.

크랜베리쿠키

이별이 주는 아픔과 선물
단호박 양갱

이제 안녕을 고하게 될 고마운 인연들을 위해
색이 고운 단호박으로 양갱을 만들어 마음을 전달해본다.
훗날 웃으며 더 멋진 모습으로 만나자고 인사하며.

"만남이 있으면 이별도 있다"라는 말은 공감이 가면서도 참 가슴 아픈 말이다. 그래서인지 점점 누군가에게 정을 주고 내 마음을 보여주는 것에 대한 두려움도 생긴다.

나에게 처음 이별의 슬픔을 알려준 건 흔하디흔한 이야기 중 하나인 키우던 개를 잃어버렸을 때다. 중학교 입학 후 일주일 만에 낯선 지역으로 이사 오던 날 3년 넘게 키운 동생 같던 개를 잃어버렸다. 그 아이도 낯선 동네이고 나 역시 낯선 동네라 찾을 수 있다는 희망의 크기는 무척 작았다. '강아지를 찾습니다'라고 또박또박 적어 내려간 전단지는 밤새 내린 비에 온통 엉망이 되어버렸고, 얼룩진 잉크처럼 내 마음도 엉켜만 갔다. 하루 이틀, 일주일이 지나도록 눈물이 마르지 않았다. 여전히 가슴속에 상처로 남은, 20년 전 이야기이다.

그렇게 이별의 고통이 어떤 건지 처음 알게 되었고 그 뒤로도 많은 이별을 겪었다. 친구와의 이별, 연인과의 이별, 소중히 아끼던 존재의 분실 등 많은 이별을 겪었지만, 여전히 나는 이별이 두렵다. 보기보다 여리고 정이 많은 성격이라 그런지 상처받고 이별하는 슬픔이 늘 두렵다. 그래서 20대까지는 이별은 늘 부정적인 것이라고 단정하고 지냈다. 이별이 지나가면 새로운 만남이 온다는 것을 처음 안 것은 스물아홉 살 때였다. 이별이 있기에 새로운 만남과 시작이 있다는 것을 깨닫게 된 것이다. 아울러 이별에는 대단한 용기와 노력이 필요하다는 것도 알았다. 이는 사랑뿐만 아니라 일, 가족, 친구, 동료, 살던 곳까지 모두 해당되는 이야기라고 생각한다.

물론 내가 선택하지 않은 갑작스런 이별은 여전히 아프다. 그렇지만 이별이 두려워 끝나버린 관계를 지속해가는 것 또한 나쁘다. 갑작스러운 이별은 현재의 나에게 이별 이전에 몰랐던 소중한 존재에 대해 알게 해주고 반성하게 한다. 때론 현재의 나를 따뜻하고 용기 있게 만들어주기도 하고, 스스로 선택한 이별은 나를 더 발전시킨다. 비록 이별을 통해 안녕하게 될 인연은 아프지만 말이다.

이제 안녕을 고하게 될 고마운 인연들을 위해 색이 고운 단호박으로 양갱을 만들어 마음을 전달해본다. 훗날 웃으며 더 멋진 모습으로 만나자고 인사하며.

| 단호박 양갱 |

단호박 200g ● 설탕 50g ● 한천 7g ● 물 100g ● 올리고당 20g

1··· 단호박은 푹 쪄서 준비한다.

2··· 찐 단호박을 곱게 으깨준다.

3··· 물에 불린 한천을 살짝 끓이다가
설탕과 소금을 넣고
중약불에서 저어가며 끓여준다.

4··· 으깬 단호박을 넣고 저어가며
10분가량 더 끓여준다.

5··· 틀에 부은 뒤 냉장고에서
1시간가량 굳혀준다. 완전히 굳었으면
먹기 좋은 크기로 잘라준다.

4월 야구장의 매력

병에 담은
녹차 케이크

그라운드를 닮은 녹차 케이크를 병에 담아 야구장으로 향한다.
즐겁고 맛있는 야구장의 모습은 상상만으로도 행복하다.

운동을 하는 것 외에는 웬만한 모든 취미를 갖고 있는 나에게 야구 관람은 봄을 기다리는 이유 중 하나이다. 물론 야구를 좋아하는 이들이라면 가을 야구가 최고라고 외치겠지만, 나는 시즌이 시작되는 봄의 야구를 좋아한다. 조금은 쌀쌀한 봄바람이 부는 퇴근길, 잠실 야구장으로 달려가 3회가 시작되고 있을 때쯤 경기장 입구에 들어설 때의 순간을 사랑한다. 서치라이트에 선명하게 빛나는 녹색 그라운드와 팬들의 열기는 심장을 두근거리게 하는 요소이자 야구장을 좋아하는 이유이기도 하다. 물론 설렘과 기대감을 안고 방문한 야구장의 끝이 늘 좋을 순 없었으나 그래도 특유의 분위기가 좋아서 슬프게도(야구를 좋아하는 사람이라면 공감할) 아직까지 야구 팬으로 지내고 있다.

두근거리는 마음으로 자리에 앉아 맥주 캔을 따는 순간, 이 맛에 내가 돈을 버나 싶을 정도로 행복해진다. 야구장 특성상 봄이라도 쌀쌀할 수밖에 없는데 그 특유의 쌀쌀함도 친근함으로 다가와 개막전은 꼭 경기장에 가서 보곤 한다.

봄이 주는, 봄이 기다려지는 몇 가지 이유 중에 하나이고, 곧 내가 왜 기다렸을까 후회하게 되는 야구이지만, 3월 초만 되면 설레는 이유이니 경기 결과를 떠나 나의 봄의 단어라는 사실을 이제 인정해야겠다.

이번 봄에는 그라운드를 닮은 녹차 케이크를 병에 담아 야구장에 갈

예정이다. 5회까지 맥주를 배터지게 마시고, 8회부터는 승리를 예상하며 여유롭게 커피와 케이크를 즐기며 봐야겠다.

즐겁고 맛있는 야구장의 모습은 상상만으로도 나의 초봄을 설렘과 행복함으로 채워준다.

행복은 소박하고 우리 가까이에 있다. 부디 4월, 8회에 여유 있게 커피를 마시며 케이크도 먹을 수 있길 기대해본다.

| 병에 담은 녹차 케이크 |

달걀 4개 ● 박력분 120g ● 설탕 90g ● 우유 100g ● 식용유 40g ● 녹차 가루 4g ● 베이킹파우더 4g
[생크림] 생크림 200g ● 설탕 20g

1··· 차가운 달걀흰자(4개 분량)를 빠른 속도로 저어주다가
거품이 생기면 설탕 50g을 두세 번에 걸쳐 넣고
머랭을 만든다.

2··· 다른 볼에 달걀노른자(4개 분량)와
설탕 40g을 넣고 섞어준다.

3··· 2에 우유를 붓고 섞어주다 식용유를 넣고 마저 섞는다.

4··· 3에 체 친 가루를 퍼 올리듯
가볍게 가루가 안 보일 정도로만 섞어준다.

5··· 4에 머랭을 세 번에 나눠 섞어준다.
주걱으로 가볍고 크게 아래서 위로
퍼 올리듯 섞는다.

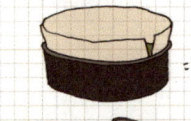
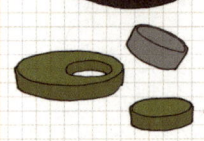

6··· 유산지를 깐 케이크 틀에 5의 반죽을 붓고
170도로 예열한 오븐에서 40~45분간 굽는다.

7··· 구워진 케이크가 식으면 적당한 두께로 슬라이스한 후에,
병 둘레와 비슷한 커터 또는 틀을 이용해
동그란 모양으로 잘라준다.

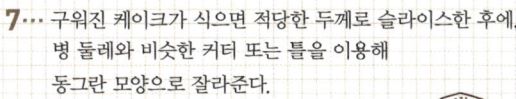

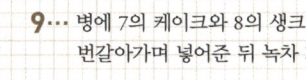

8··· 생크림과 설탕을 섞어 생크림을 만든다.

9··· 병에 7의 케이크와 8의 생크림을
번갈아가며 넣어준 뒤 녹차 가루로 장식한다.

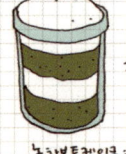

녹차빙수케이크

꿈과 청춘에는 나이가 없다 생각해

석류 상그리아

청춘이 부러운 어느 오후,
석류를 와인과 섞어 상그리아를 만든다.
달콤하면서 어딘가 술기운이 도는 멋진 신비의 묘약 같아 재밌다.

어린 시절 가장 듣기 싫었던 말 중에 하나는 "꿈이 무엇이니?"였다. 열 살도 채 안 된 어린 아이에게 꿈이 무엇이냐고 물으신다면 돈 1만 원으로 슈퍼에서 과자를 실컷 사 먹고, 꿈의 장소인 문방구에 가서 갖고 싶은 노트부터 장난감까지 다 쓸어오는 것이라고 대답하고 싶었다. 그리고 방과 후에 가야 하는 피아노 학원에 안 가도 혼나지 않는 것이 꿈이라고 대답하고 싶었지만, 어린 아이들도 그 질문에는 그렇게 대답하면 안 된다는 것 정도는 잘 알고 있기 때문에 꿈이라고 말해도 혼나지 않을 직업을 골라 적당히 대답했다. 남들보다 철은 없었지만 용기는 있었던 10대 후반에는 과감히 진로를 바꾸기도 했다. 뭐가 되고 싶다는 뚜렷한 꿈은 없었지만, 멋진 사람으로 살고 싶다는 막연한 생각을 하며 재수를 했고 원하던 대학에도 가게 되었다. 하지만 꿈이 없던 내게는 적성과 맞지 않는 전공 생활로 인해 다시 한 번 시련이 왔고 나는 재미없는 대학 생활을 보내게 되었다. 그리고 또 한 번 목적 없이 남들이 다 가는 직장이라 나도 가야겠다는 조바심으로 직장 생활을 시작하게 되었다. 다행히도 그곳에서 내 인생의 소중한 인연들을 많이 만나게 되었고 나는 작은 꿈도 꾸게 되었다.

이미 나이가 20대 후반을 향해 달려가고 있었지만, 두렵지는 않았다. 그리고 작은 꿈도 이루게 되고 점점 나의 꿈은 하나씩 늘어가고 커져갔다. 지금은 누군가 나에게 꿈이 무엇이냐고 묻는다면 자신 있게 말할 수 있게 되었다. 30년 살아오면서 처음이고, 그렇기에 행복하고 설렌다.

비록 아직 그 꿈을 향해 가기에는 걸음마 수준이지만, 꿈과 청춘에는 나이가 없다는 나의 신념은 늘 날 지탱해주는 힘이다. 다만, 가끔씩 만나는 사회적 성공의 유혹과 나태함은 나를 흔들어놓기도 한다. 남부럽지 않은 직장을 다니고 있지만 마음속 한 곳은 어딘지 늘 허하다.

그러던 어느 날, 친구와 함께 간 식당에서 서빙해주는 아르바이트생의 뒷모습을 보며 친구에게 이렇게 말했다.

"난 저 아이가 부럽다."

우리가 느낀 감정은 똑같았다. 20대 초중반의 젊은 아르바이트생은 가능성 그 자체로 보였고 부럽다는 생각만 들었다. 남부럽지 않은 직장을 다닌다고 생각하며 어깨에 잔뜩 힘이 들어갔던 예전에는 아르바이트생들을 보며 돈 버느라 안됐다고 생각하던 알량한 시절도 있었다. 그렇지만 지금은 오히려 젊음이라는 가능성이 있는 그들이 부럽기만 하다.

청춘이 부러운 어느 오후, 석류를 와인과 섞어 상그리아를 만들어 마신다. 달콤하면서 어딘가 술기운이 도는.

그래도 언젠가는 네 꿈이 이루어질 것이라고 스스로를 다독거려주며 나를 위해 건배를 한다.

| 석류 상그리아 |

레드와인 ⅔병(남은 와인 활용 추천) ● 석류 1개 ● 레몬 1개 ● 자몽 ½개 ● 사과 ½개 ● 설탕 1T

1··· 석류는 반으로 자른 뒤
석류 바깥쪽을 숟가락으로 두드려 알맹이를 빼준다.

2··· 껍질째 넣을 레몬과 자몽은
끓는 물에 살짝 데친 뒤 깨끗하게 씻는다.

3··· 레몬, 자몽, 사과를 슬라이스한다.

4··· 준비된 재료와 와인을 한데 섞고
냉장고에서 3시간가량 숙성시키면 완성.
취향에 따라 다른 과일 또는
토닉워터를 넣어주어도 좋다.

Spring 8

우리의 봄봄봄!

봄을 닮은 쿠키

풋풋함이 느껴지는 사브레는 맛도 모양도 좋지만
쉽게 부서지기 때문일까.
왠지 모르게 청춘의 모습을 닮았다.

　　서른 해가 넘는 동안 계절이 바뀌는 것을 보아오고 있지만 아직까지도
계절이 바뀌고 달이 바뀔 때면 여전히 설렌다. 온 세상이 마법에 걸린 듯
눈으로 뒤덮이다가 어느 순간 모두 녹아내리고 새싹이 돋아나기 시작하면
매년 보아오던 풍경이라고는 믿기지 않을 만큼 감동이 느껴지기도 한다.

　　3월이 되면 나도 모르게 버스커버스커의 음반을 재생시키게 되는 것
처럼 생각나는 영화도 있으니, 바로 「건축학개론」. 개인적으로 영화의 전
반적인 내용은 마음에 들지 않지만, 스무 살의 승민이를 연기한 배우 이
제훈의 연기와 삽입곡 덕분에 봄이 시작될 무렵에는 늘 이 영화가 생각
난다. 서연이 예쁘지 않느냐며 친구 납득이에게 이야기하는 밤 골목 장
면은 나에게 첫사랑이 주는 순수했던 봄의 완벽한 이미지이자 장면으로
남아 있다. "서연아"라고 외치는 스무 살 청년의 풋풋한 연기는 나의 어
릴 적 순수했던 모습과도 겹치면서 동시에 그 시절 우리들의 모습도 떠
올리게 한다. 또한, 서연이가 승민이에게 이어폰을 꽂아주며 함께 듣는
전람회의 「기억의 습작」은 영화가 끝나고도 한참을 자리에 앉아 있게 했
으며, 잠 안 오는 어느 늦은 밤, 영화를 보다가 맥주를 사러 나가게 하던
장면이기도 했다.

　　순수함과 불안함이 공존하는 떨리는 눈동자의 스무 살은 누구에게나
있다.

그래서 스무 살의 승민이는 반가웠고, 입학 시즌이 되면 떠오르는 인물이 되었다. 햇살 가득한 봄의 기차 여행 장면도, 조금은 알싸한 봄바람이 부는 옥상 장면도, 실연의 아픔으로 친구의 품에 안겨 흐느끼던 장면도 모두 3월 그 자체였다. 언제나 승민이의 눈에 햇살이 가득한 모습으로 비쳐지던 서연이의 모습을 보는 즐거움도 컸다. 반짝이던 그 시절 우리의 이야기. 풋풋하고 싱그럽지만, 언제 부서질지 모르는 불안한 영혼을 갖고 지내던 우리의 모습을 영화는 잘 표현하고 있다.

이 영화가 생각나는 오늘, 영화 속 두 젊은 주인공을 닮은 쿠키를 굽고 싶어졌다. 사브레는 손으로 집으면 풋풋함이 느껴지는 참 맛있는 쿠키이지만 쉽게 부서지는 그 성격이 영화 속 주인공들을 참 많이 닮았다.

3월이다. 버스커버스커 CD를 챙기고, 「건축학개론」도 담고, 춘천이든 제주든 떠나야겠다는 생각이 든다. 3월이 아니면 느낄 수 없는 특유의 설레는 봄을 만나기 위해서.

| 봄을 닮은 쿠키 |

버터 180g ● 슈거파우더 80g ● 박력분 200g ● 슬라이스 아몬드 30g ●
달걀노른자 40g ● 녹차 가루 4g ● 홍차 티백 2g ● 소금 약간

1 … 실온에 둔 버터를 풀어준 뒤
　　　슈거파우더를 넣고 마저 풀어준다.

2 … 1에 달걀노른자를 넣고 잘 섞는다.

3 … 2를 반으로 나누어 두 개의 볼에 담아준다.

4 … 한 개의 볼에 체 친 가루 ½과
　　　녹차 가루, 슬라이스 아몬드,
　　　소금 약간을 넣고 섞어준다.

5 … 나머지 볼에 체 친 가루 ½과
　　　홍차 티백 2g, 소금 약간을 넣고 섞어준다.

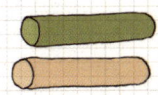

6 … 4, 5를 기둥 형으로 말아준 뒤
　　　냉장고에서 2시간 이상 휴지시킨다.

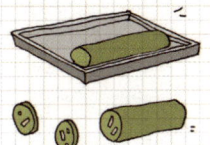

7 … 6의 반죽을 꺼내 달걀흰자를 겉에 발라준 뒤
　　　설탕이 담긴 트레이에 굴려준다.

8 … 7을 1센티미터 두께로 자른 뒤
　　　170도로 예열한 오븐에서 12분간 구워준다.

마지의 카페
딸기 타르트

딸기 타르트는 크림파이와는 또 다른 맛의 기본 타르트이다.
크림치즈의 새콤함과 딸기의 달콤함이 조화를 이루는 건강한 봄 타르트!

나는 목요일 밤부터 신나기 시작해 금요일이 되면 누가 괴롭혀도 웃으며 일하는 대한민국의 평범한 월급쟁이이다. 너무 빨리 오는 월요일이 괴롭기도 하지만 눈 깜짝할 사이에 다가오는 월급날이면 다시금 기분 좋아지는 그런 평범한 삶을 살고 있다. 비록 남들과 다르지 않은 평범한 일상을 보내며 살고 있지만, 가슴속에는 멀지 않은 미래의 꿈을 담고 있기에 현재의 삶이 그렇게 싫지만은 않다.

워낙 꿈이 많아 그 꿈들을 모두 실현하려면 평생 직장에 다니며 월급을 받아야 할지도 모르지만, 꿈을 그리고 이야기하는 시간은 언제나 행복하다. 많은 꿈들 가운데 가장 많이 그리고 있는 것은 바로 마지의 카페, 내 이름으로 된 카페를 여는 것이다.

식사보다는 디저트로 가득한 카페가 좋겠고, 커피 향과 구운 디저트 향이 늘 함께하는 공간이었으면 좋겠다. 케이크보다는 제철 과일을 듬뿍 담은 타르트가 가득한 카페이면 더 좋겠다.

그날그날 만들어 파는 타르트면 좋겠고, 하루의 끝에 남은 타르트는 가까운 곳의 단골손님에게 전달하며 이야기를 나누고, 특별 손님만을 위한 타르트도 있었으면 좋겠다.

딸기가 맛있는 2월에는 크림치즈 필링을 가득 채운 원형 타르트 지에 딸기를 듬뿍 올리고 팔았으면 좋겠다. 여름이 시작되기 전, 6월에는 자몽을 과육만 곱게 발라내어 상큼한 자몽 타르트를 만들고, 자몽을 좋아하는 친구의 생일 선물로 주고 싶다.

은행잎이 남산을 덮는 10월에는 밤 크림을 잔뜩 만들어 마롱라테도 만들고 한국식 몽블랑도 만들어 밤 주간을 보내고 싶다.

첫눈이 오는 12월에는 진하고 풍미가 좋은 다크 초콜릿을 채우고, 바나나를 올린 초콜릿타르트를 만들어 카페에서 파티를 하고 싶다.

이렇게 다가올 나의 계절에 대한 계획을 세우는 것만으로도 그 시간은 달콤해진다. 물론 나의 가장 친한 친구와 함께 이야기할 때 그 시간은 더욱 특별해진다. 언젠가 마지의 카페가 오픈하는 날, 시루떡 대신 오메기 떡을 돌리고, 생크림 케이크 대신 딸기 타르트를 만들어 파티를 열고 싶다. 오랜 시간 꿈꿔왔던 나의 두 번째 이야기를 위한 그 시작에 이 책에 등장하는 소중한 사람들이 모두 모여 함께하는 작지만 행복한 파티.

그 언젠가를 위해 오늘도 꿈을 그린다.

| 딸기 타르트 |

[타르트 지] 72쪽 레시피 참고

[필링] 크림치즈 120g • 생크림 50g • 달걀 1개 • 설탕 30g • 박력분 2T •
레몬즙 0.5t • 바닐라에센스 1t

1··· 분량의 타르트 지를 준비한 뒤 식혀준다.

2··· 크림치즈를 풀어준 뒤 설탕을 넣고 마저 섞는다.

3··· 2에 달걀과 생크림을 넣고 잘 저은 뒤,
박력분을 넣고 마저 섞는다.

4··· 3에 레몬즙과 바닐라에센스를 넣고 섞어준 다음
1의 타르트 지에 8부 정도 채운 뒤
170도로 예열한 오븐에서 25~30분간 구워준다.

5··· 4를 충분히 식힌 뒤, 생크림을 올리고
그 위에 딸기를 채워준다.
기호에 따라 미로와나 살구 잼을 발라주거나
블루베리를 올려주어도 좋다.

Spring 10

가끔은 화려하고 싶은 날
딸기 크림타르트

바삭하게 구운 타르트 지에 상큼한 크림치즈 필링을 채우고
생크림과 딸기를 듬뿍 올려먹으면 정말 맛있다.
먹는 순간, 내가 만들었지만 정말 맛있구나,
하는 소리가 절로 나오는 감동의 타르트.

그런 날이 있다. 평소에 입지 않던 화려한 레이스가 달린 원피스를 입고 싶고, 서랍 속에 숨겨둔 진한 립스틱이 바르고 싶은 날, 평소와 다른 스타일로 변신을 하고 싶은 날. 여자라면 누구나 한번쯤은 생각해보는 일인지도 모른다. 바삭하게 구운 토스트와 마시는 블랙커피가 지겨워지고, 달아서 먹지도 않던 마카롱과 마들렌, 홍차가 있는 애프터눈티가 생각나는 날에 비유할 수 있겠다. 변덕이 심한 편인 나는 다양한 입맛과 스타일을 추구하는 편이다. 차분하고 단정한 정장 스타일을 선호하면서도 어떤 날은 발랄해 보이는 티셔츠와 청바지를 즐겨 입기도 한다. 짬뽕밥 한 그릇 뚝딱하고 나서 와인이 마시고 싶어지는 날도 있다. 어떤 취향은 우아하고 어떤 취향은 싸구려, 이런 이야기가 아니다. 일관된 취향 없이 그때그때의 기분에 따라 고려하여 입고 먹을 뿐이다. 음식을 만들거나 빵을 구울 때도 이런 나의 취향이 나타나는 편이다. 다른 이야기이지만 나의 옷장과 그릇장은 수시로 변하는 나의 다양한 취향을 반영하느라 터져나가기 일보 직전이다.

딸기 타르트는 내가 무척 좋아하는 메뉴이다. 바삭하게 구운 타르트 지에 상큼한 크림치즈 필링을 채우고 생크림과 딸기를 듬뿍 올려먹으면 정말 맛있다. 먹는 순간, 내가 만들었지만 정말 맛있구나, 하는 소리가 절로 나오는 감동의 타르트. 딸기 철만 되면 케이크와 타르트를 번갈아

가며 만들 정도로 좋아하는 메뉴이다. 참 재미있게도 이 타르트에도 취향이 왔다 갔다 하는 순간이 생긴다.

매일 먹는 딸기 타르트도 예쁘지만, 더 예쁜 타르트를 만들어보고 싶다는 생각이 들었다. 언젠가 갔던 카페에서 보고 반했던 타르트를 따라 해보고 싶어 후다닥 반죽을 하고 생크림을 만들었다. 딸기를 갈아 크림치즈 필링과 섞고 타르트 지 안을 채운다. 분홍색으로 변해가는 필링을 보고 있자니, 립스틱을 바르고 화사해지는 여자의 얼굴 같다는 생각이 든다. 다시 분홍색 필링 위에 생크림을 올리고, 예쁘게 반으로 자른 딸기를 올려준다. 딸기가 듬뿍 들어가 과일의 맛이 풍부하게 나는 기본 딸기 타르트도 맛있지만, 가끔은 이렇게 예쁘게 생긴 타르트가 당기는 날이 있다.

예쁘게 크림이 올라간 타르트를 멋진 접시에 담고, 나만의 디저트 테이블을 만들어보는 날이다. 분홍색과 흰색, 빨간색이 주는 조화가 참 예쁘다. 절로 미소가 지어지는 테이블 위에 앉아 달콤한 시간을 보낸다. 누군가를 위해 축하해주고 싶은 날도 만들어보면 좋을 것 같은 딸기 크림 타르트. 더 풍부한 맛을 내고 싶다면 딸기를 좀 더 듬뿍 올려보자.

| 딸기 크림타르트 |

[타르트 지] 72쪽 레시피 참고

[크림치즈 필링] 크림치즈 200g • 설탕 30g • 달걀 1개 • 레몬즙 2t •
옥수수 전분 2T • 생크림 60g • 딸기 30g • 적색 식용 색소 0.3t
[생크림] 생크림 100g • 설탕 10g

1··· 크림치즈를 풀어준 뒤 설탕을 넣고 마저 섞어준다.

2··· 1에 달걀노른자를 넣고 저어준 뒤
달걀흰자를 마저 넣고 풀어준다.

3··· 레몬즙과 전분 가루를 넣고 섞어준 뒤
실온에 둔 생크림을 붓고 잘 섞어준다.

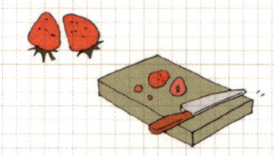

4··· 3에 딸기 간 것과 색소를 첨가한다.

5··· 구워 식힌 타르트 지에 4의 크림치즈 필링을 넣고
170도로 예열한 오븐에서 30분간 굽는다.

6··· 생크림 100g에 설탕을 넣고 휘핑한다.

7··· 구워진 타르트 위에 생크림을 잘 펴서 바른 뒤
물기를 제거한 딸기를 올리고
식용 광택제를 발라준다.

달콤 바삭
코코넛로셰

코코넛 특유의 바삭하고 달콤한 맛은 봄과 참 잘 어울린다.
만들기도 쉽고 바삭한 코코넛로세.
이번 봄 산책을 위한 아이템으로 만들어보는 것은 어떨까.

봄기운이 느껴지던 3월 중순쯤부터 이미 내 마음은 봄을 향해 두 팔 벌려 달려가고 있었고, 나의 머리와 손은 봄을 맞이하느라 분주해졌다. 봄을 탄다는 말이 있듯이, 특히 여자들에게 봄이란 참 특별하다. 긴 겨울, 추위에 지겹도록 입었던 패딩과 어두운 코트를 벗어던지고 살랑거리는 원피스와 봄의 색을 담은 신발을 신고 산책할 생각에 마음이 부푸는 것이다. 1월이 되면 긴 겨울과 늘어난 나이 때문에 슬프기도 하지만, 살금살금 턱 밑까지 와 있는 봄을 생각하면 곧 힘이 난다.

봄이 오면 하고 싶은 여러 가지가 있지만, 그중에서 가장 그리웠던 것은 산책이다. 눈부신 강물이 빛나는 한강 산책도 좋고, 조용한 연남동 주택가를 걸어 다니며 홍대까지 가는 길도 좋다. 물론 겨울에도 산책은 할 수 있지만, 봄의 산책이 더 좋은 이유는 많은 것들을 느끼며 걸을 수 있어서이다. 추운 겨울, 따뜻한 커피 한 잔 들고 산책하는 것도 좋지만, 4월과 5월 사이, 돌아다니며 주변 풍경을 눈에 담고, 길을 가다 멈추고 마시는 맥주는 참 맛있다. 산책을 하며 초록이 가득해진 길을 보는 즐거움도 훌륭하다. 나의 발걸음이 닿는 곳 어디든 어느 사이엔가 초록색으로 변한 나무들이 있다. 긴 겨울이 끝났다는 기쁨이 느껴지는 동시에 청춘이 느껴진다. 청춘을 닮은 봄이다.

이번 봄에는 꼭 초록색 플랫슈즈를 사야겠다는 생각을 한다. 겨우내

감춰두었던 나의 발이 광합성을 하며 봄옷을 입은 모습을 보고 싶다. 가벼운 발걸음으로 봄이 주는 달콤함을 느끼며 오래도록 걷고 싶다. 찌뿌둥한 겨울의 몸을 버리고 저 넓은 봄의 정원으로 가고 싶어지는 날이다.

코코넛 가루 특유의 바삭하고 달콤한 맛은 봄에 참 잘 어울린다. 만들기도 쉬우니, 이번 봄 산책을 위한 아이템으로 만들어보는 것은 어떨까.

| 코코넛로셰 |

달걀흰자 2개 ● 설탕 50g ● 코코넛 슬라이스 150g ● 바닐라에센스 1t

1··· 달걀흰자를 볼에 넣고 잘 풀어준다.

2··· 1에 설탕을 넣고 살짝 풀어준 뒤
코코넛 슬라이스와
바닐라에센스를 첨가한 후
주걱으로 섞어준다.

3··· 2의 반죽을 500원짜리 크기로 동그랗게 뭉친 뒤
170도로 예열한 오븐에서 12분간 구워준다.

Spring 12

설레는 봄의
오렌지푸딩

입안 가득 씹히는 오렌지 알갱이의 식감과 상큼한 향은
오렌지 푸딩만의 매력이다.
탱글한 오렌지를 색다르게 즐길 수 있는 디저트이다.

나이를 먹어갈수록 좋아하는 음식도 변해간다. 어릴 때 엄마가 먹으라고 건네주면 고사하며 도망가던 음식은 여러 가지였는데, 그중에 몇 가지 과일도 포함되어 있었다. 포도와 오렌지가 그런 과일 중에 하나였다. 특히 오렌지는 귤보다 딱딱하고 먹기도 불편해서 어린 나에게는 그저 광고에 나오는 오렌지주스의 재료일 뿐이었다. 심지어 오렌지주스조차 좋아하지 않았던 내게 친구의 작은 선물은 오렌지에 대한 인상을 바꾸게 하는 기회가 되었다.

나에겐 베이킹의 스승이라 할 만하고 음식 만드는 데 있어서는 탁월한 솜씨를 발휘하는 그녀는 오렌지를 참 좋아하던 친구였다. 얼굴도 오렌지처럼 상큼하고 청순했던 그녀는 내게 오렌지 향이 가득한 파운드케이크를 구워주었다. 받으면서도 오렌지를 좋아하지 않아 과연 맛있을까 반신반의하며 집으로 가져왔다. 그리고 친구에게 미안하지만, 냉장고에 넣어둔 뒤 일주일 만에 케이크의 존재가 떠올라 급히 꺼내 먹었다.

파운드케이크는 보통 냉장고에 넣어두면 더 촉촉해지는데, 오렌지 필링이 가득 들어간 오렌지 파운드케이크는 그 맛이 월등히 좋았다.

입안 가득 씹히는 오렌지 알갱이의 식감과 상큼한 향은 나를 매료시켰고, 오렌지의 매력에 빠지게 한 계기가 되었다. 그녀를 안 지 두 달 밖에 안 된 시간이었지만, 내가 좋다며 환한 미소로 케이크를 건네던 그녀를 똑 닮아 있는 케이크였다. 스무 살의 봄, 그녀가 알게 해준 오렌지의 맛으로 우린 더욱 가까워졌고, 나도 그녀처럼 오렌지를 좋아하게 되었다.

아이러니하게 그 뒤로 오렌지는 없어서 못 먹는 과일이 되어버렸다. 그렇게 친해진 우리, 그녀는 이제 어엿한 한 아이의 엄마가 되었다. 그리고 제법 말도 잘하는 아이와 우리 집에 놀러온다고 한다.

디저트가 모든 식사의 완성이라고 생각하는 만큼 그녀를 위한 초대 디저트도 있어야겠다는 생각이 들었고, 우리가 처음 만난 그때를 떠올리며 오렌지푸딩을 만들었다.

오렌지 즙을 짜고 젤라틴을 녹이며 주걱을 저어가는 시간, 오래전 청량했던 우리들의 봄만큼 오늘의 점심도 빛났으면 하는 기대감이 생긴다.

| 오렌지푸딩 : 2인 분량 |

오렌지 4개(3개는 즙, 1개는 과육으로 사용) ● **설탕 2T** ● **판 젤라틴 3장**

1··· 판 젤라틴은 찬물에 15분간 불린다.

2··· 오렌지 3개는 즙을 낸다.

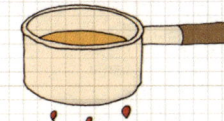

3··· 2의 오렌지 과즙을 냄비에 넣고 끓인다.

4··· 3이 어느 정도 끓기 시작하면
1의 판 젤라틴과 설탕을 넣고
모두 녹을 때까지 저어가며 끓여준다.

5··· 병에 오렌지 과육과 4를 담은 뒤
냉장고에서 2~3시간 굳혀주면 완성.

2014

3

Spring 13

좋은 건 나누고 싶고, 매일 오래 보고 싶어

딸기청

딸기를 깨끗하게 씻어 물기를 말린 후 썰어서
빈 병에 설탕과 켜켜이 쌓기만 하면 되는
정말 간단한 레시피이지만,
딸기청 하나면 맛있는 봄을 기다릴 수 있게 된다.

좋아하는 과일이 나오는 계절이 되면 과일가게를 제집처럼 드나든다. 겨울과 봄 사이의 딸기, 여름의 시작의 복숭아가 그러하다. 가장 좋아하는 과일들이다. 그래서인지 딸기와 복숭아를 이용해 디저트를 만드는 걸 즐겨했다. 특히 딸기는 정말 다양한 레시피로 그 맛을 즐길 수 있어 해마다 겨울과 봄 사이가 되면 딸기 때문에 바쁘다.

딸기는 그냥 먹어도 맛있다. 생크림을 곁들여도 맛있고 아이스크림이랑 먹어도 훌륭하다. 그래서 딸기 철이 되면 더 오래 두고 먹으려고 딸기청을 담근다. 레몬청, 자몽청과 별다를 게 없는 방법으로 매우 간단히 만들 수 있는 딸기청.

딸기를 깨끗하게 씻어 물기를 말린 후 썰어서 빈 병에 설탕과 켜켜이 쌓기만 하면 되는 정말 간단한 레시피이지만, 딸기청 하나면 맛있는 봄을 기다릴 수 있게 된다. 우유와 섞어 먹으면 세상에 둘도 없는 딸기우유가 되며, 아이스크림에 올려 먹어도 참 맛있다. 사이다 또는 탄산수와 섞으면 딸기에이드가 되고, 요구르트와 먹으면 훌륭한 브런치 메뉴가 되기도 한다.

빨간 딸기 물이 병 가득 채워지고, 그 달콤한 향 또한 부엌을 싱그럽게 만든다. 딸기 두어 박스면 서너 병은 만들어지니, 친구와 나눌 수도 있어 딸기 철만 되면 손이 간질간질하다. 딸기 철이 끝날 때쯤이면 아쉬운 마음을 가득 담아 딸기를 냉동실에 얼리기 시작한다.

좋은 건 나누고 싶고, 매일 보고 싶으며, 오래 보고 싶은 것이다. 고작 과일 하나에 거창한 의미 부여를 하는 것 같겠지만, 이렇게 작은 과일 하나로 행복해질 수 있다는 것은 그래도 일상의 소소한 행복을 알고 즐길 수 있음을 의미하기에 부끄럽지 않다.

나도 누군가에게 딸기 같은 사람이고 싶다.

| 딸기청 |

딸기 500g ● 설탕 500g ● 유리병

1··· 유리병을 끓는 물에 소독한 뒤 식혀준다.
2··· 딸기는 잘게 다져 준비한다.

3··· 1의 유리병 바닥에 딸기를 깔고
딸기와 같은 분량의 설탕을 층층이 올려준다.

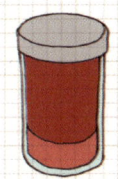

4··· 3의 과정을 반복해준 뒤 병을 밀봉한다.
5··· 실온에서 하루 정도 숙성시킨 뒤 냉장고로 옮겨
2~3일 후에 먹으면 된다.

* 요거트, 아이스크림, 우유, 팬케이크 등 여러 음식에 응용할 수 있다!

Spring 14

어른이 되면
딸기 파르페

어느 작은 카페에서 맛본 딸기 파르페는 동경의 맛으로 남아 있다.
아이스크림과 딸기, 초콜릿 시럽이 어우러진 그 맛이란!

　　지금은 프랜차이즈 커피 전문점과 개성 넘치는 동네 카페들이 넘쳐나는 시대이지만, 내가 스무 살 때만 해도 지금 같은 카페 문화를 찾기 어려웠다. 스무 살 때 처음 카페모카라는 커피를 마시고 그 달달하고 고소한 맛에 감탄했던 기억이 난다. 지금은 상상하기 힘들지만, 당시에 나의 주 활동 무대였던 홍대에도 대형 커피숍은 하나뿐이었다. 당시만 해도 편안한 소파가 있고, 흡연이 가능한 개인 카페가 대부분이었다. 하지만 불과 몇 년 사이에 홍대는 물론 상수, 합정, 연남동까지 카페 천국이 되어버렸다. 스무 살 시절 달디단 휘핑크림과 초콜릿 시럽으로 범벅된 커피를 마시며 대학 문화를 상상했던 나는, 나이를 먹은 건지 지금은 진한 블랙커피가 아니면 잘 마시지 않는다.

　　카페를 좋아해 '카페 놀이'라는 취미를 갖고 수없이 많은 카페를 다녔고 지금도 즐기고 있지만, 가끔씩 생각나는 메뉴가 있다. 바로 파르페.

　　지금의 카페 문화가 생기기 전의 1990년대풍 카페에서 즐겨 나오던 메뉴가 파르페였다. 딱 한 번 고등학교 때 친구를 따라 놀러간 압구정의 어느 작은 카페에서 먹은 딸기 파르페는 참 맛있었다. 아이스크림과 딸기, 초콜릿 시럽이 어우러진 그 맛이란 고등학생에게 대학생들은 이런 걸 먹는구나, 하는 동경의 맛으로 남아 있다. 열여덟 살 소녀에게 대학 생활이라는 낭만적인 꿈을 안겨준 파르페. 물론 지금도 몇몇 카페에서는 스페

셜 메뉴로 파르페를 제공하는 곳도 있긴 하지만, 당시 파르페는 모든 카페의 필수 메뉴 같은 존재였다. 테이블마다 파르페를 먹고 있었으니!

밀레니엄을 겪고, 2002년 한일 월드컵과 동시에 대학 생활을 시작한 나는 카페 문화 역시 교체기에 서서 20대를 맞이했다. 이제는 한 집 건너 하나씩 프랜차이즈 카페가 보이는 시대에 살고 있고 지금 내가 마시고 있는 커피는 참 맛있지만, 당시의 싸구려 시럽을 뒤집어쓰고 있던 파르페가 그리워지는 것을 보니 나도 나이를 먹어가나 보다. 경험해보지 못한 세계에 대한 동경은 늘 설렘을 동반한다. 어른이 되면 꼭 많이 먹어야지 했던 열여덟 살의 파르페가 생각나는 서른두 살의 오늘이다.

| 딸기 파르페 |

생크림 300g ● **설탕 30g** ● **바닐라아이스크림 10T** ● **딸기 100g** ● **슈거파우더 1.5t**

1⋯ 생크림에 분량의 설탕을 넣고 잘 저어준다.
2⋯ 딸기는 물기를 제거한 뒤 한 입 크기로 잘라준다.

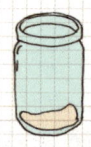

3⋯ 목이 긴 컵 바닥에 준비한 아이스크림의 절반 분량을 담은 뒤
　그 위에 딸기를 올려준다.

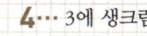

4⋯ 3에 생크림을 담고,
　다시 딸기를 담는 과정을 컵의 높이에 맞춰 반복해준다.

5⋯ 맨 위에 딸기를 올린 뒤 슈거파우더로 마무리한다.
6⋯ 취향에 따라 과자나 민트 잎으로 장식해준다.

타르트 지

많은 과자를 굽고 만들었지만, 그중에서도 애정이 많이 가는 메뉴는 타르트이다. 바삭하게 구워진 타르트 지 위에 취향대로 속을 채우고 제철 과일을 가득 올려 먹는 그 맛이 참 좋다. 케이크보다 만들기도 쉽다고 말할 수 있는데, 한꺼번에 여러 개의 타르트 지를 반죽한 후 냉동실에 보관하면 필요할 때마다 꺼내 활용할 수 있다. 바삭하게 구워진 타르트 지와 부드러운 크림의 조화는 커피 한 잔과 최고의 조화를 이루는 디저트이다. 나의 소중한 친구를 위해 한 판 가득 제철 과일을 꽉꽉 채워 선물해도 좋다. 타르트 속과 함께 입안에서 고소하게 번지는 타르트 지를 만드는 법은 생각보다 간단하다. 타르트 전문점의 타르트를 보고 우와 하며 감탄하던 시간이 잊힐 정도로 간단한 디저트가 타르트라고 말하고 싶다.

타르트 지

tarte

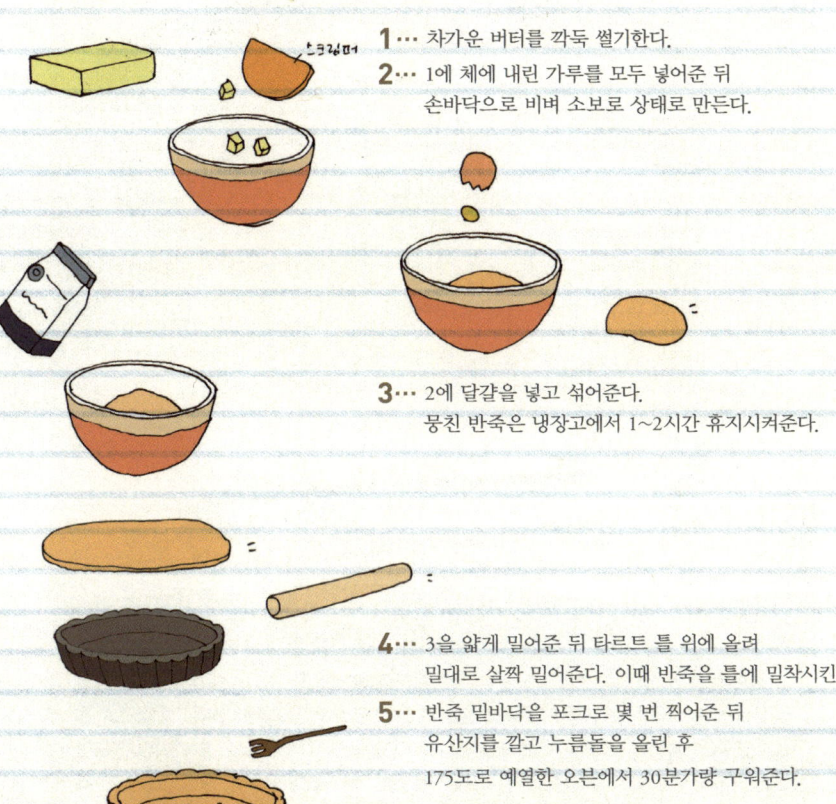

1 ··· 차가운 버터를 깍둑 썰기한다.

2 ··· 1에 체에 내린 가루를 모두 넣어준 뒤
손바닥으로 비벼 소보로 상태로 만든다.

3 ··· 2에 달걀을 넣고 섞어준다.
뭉친 반죽은 냉장고에서 1~2시간 휴지시켜준다.

4 ··· 3을 얇게 밀어준 뒤 타르트 틀 위에 올려
밀대로 살짝 밀어준다. 이때 반죽을 틀에 밀착시킨다.

5 ··· 반죽 밑바닥을 포크로 몇 번 찍어준 뒤
유산지를 깔고 누름돌을 올린 후
175도로 예열한 오븐에서 30분가량 구워준다.

쿠키

베이킹의 가장 기본이라 할 수 있는 메뉴는 바로 쿠키, 쿠키 중에서도 기본 중의 기본이라 할 수 있는 것은 바로 버터 쿠키이다. 버터와 달걀 등 기본 재료로만 만든 버터 쿠키는 풍미가 좋아 제대로 만들면 바삭바삭한 식감과 함께 입안 가득 부드러운 버터 향을즐길 수 있다. 버터 쿠키 그 자체로도 충분히 맛있지만, 아이싱 등 다양한 방법으로 응용하면 더 특별해진다. 뽀얗게 구워진 바삭한 버터 쿠키 위에 눈꽃 모양 아이싱을 그려크리스마스 느낌을 낼 수도 있으며, 가나슈에 퐁당 빠뜨렸다 굳히면 진한 초콜릿과 조화를 이루는 하프 쿠키가 되기도 한다. 잔뜩 구워 테이블 위에 소복하게 쌓아놓으면 뿌듯해지는 버터 쿠키를 만들어보자.

butter cookie

1··· 실온에 둔 버터를 크림과 같은 상태가 될 때까지 저어준 뒤,
설탕을 넣고 서걱거림이 없을 때까지 섞어준다.

2··· 1에 풀어둔 달걀을 두세 번 나누어 넣고
잘 저어준 뒤 바닐라엑기스를 넣어 섞어준다.

3··· 체에 내린 가루를 2와 함께 섞어준다.

4··· 3을 한 덩어리로 뭉친 뒤 냉장고에서
1시간 정도 휴지시켜준다.

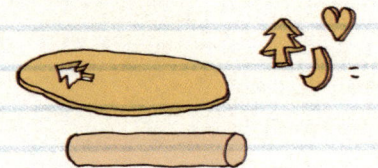

5··· 4의 반죽을 밀대로 밀어준 다음
모양 틀로 찍어준다.

6··· 180도로 예열한 오븐에서
12~15분간 구워준다.

여름

초여름의 디저트

청포도 타르트

오븐을 돌리기엔 더운 여름이지만,
커스터드크림을 머금은 청포도 타르트를 굽는 일요일 오후는
여름이 주는 또 하나의 행복이다.

"어느 계절을 좋아하세요?" 누군가가 조금은 형식적으로 물었다. 마치 "혈액형이 뭐예요?"라고 묻는 식상한 소개팅용 멘트와 비슷한 질문이었는지도 모른다. 하지만 마침 내가 좋아하는 질문이라 나는 하나씩 나열하기 시작했다.

소나기가 내린 뒤 파란 하늘과 뭉게구름
물방울이 맺히는 잔과 그 속에 가득한 맥주
수영장
해가 지는 오후 8시의 냄새
반바지와 샌들
P.D.A
그리고 청포도

6월, 시원하게 내리던 비가 그치고 언제 그랬느냐는 듯 새파란 하늘과 뭉게구름이 반겨주는 여름 하늘이 좋다. 어릴 때는 계절마다 하늘이 달라지는 것도 몰랐다. 이제는 계절마다 바뀌는 하늘을 바라보며 세월의 흐름을 느끼곤 한다. 나는 그중에서도 봄보다 싱그럽고 가을보다 쓸쓸함이 덜한 여름 하늘을 좋아한다. 마치 나의 청춘을 말해주는 것 같

은 기분이 들기 때문이다. 또
한, 원래도 좋아하는 맥주가
물보다 시원하게 느껴지는
이 계절의 높은 온도가 반
갑다. 여름 성수기 때 휴가를
가지 않겠어, 라고 다짐을 해놓
고서도 매년 6월만 되면 멋진 수영장
이 있는 리조트를 찾아 밤새 인터넷사이트를
뒤지곤 한다. 수영은 못하지만, 뜨거운 햇살이 있는 수영장을 사랑하고,
운전면허증은 없지만 여름밤 창문을 열고 달리는 드라이브 역시 무척
좋아한다. 하지만 여름이 가장 좋은 이유는 바로 여름밤이 시작될 쯤에
나는 특유의 냄새 때문이다. 비릿하면서도 심장이 두근거리게 하는 여름
밤의 향기는 나를 여름과 사랑에 빠지게 만들었다. 여기에 좋아하는 가
수 존 레전드의 「P. D. A」를 들으며 샌들을 신고 걷는 밤거리는 최고다.

마지막으로 선명한 연두색의 청포도까지! 여름 청포도 한 알을 입에
넣고 터뜨릴 때 상큼함과 동시에 느껴지는 청량함이 좋다. 여름이 갖고
있는 특유의 초록색과도 닮아 있다. 나에게 있어 여름 색은 파란색이 아
닌 초록색이다. 초록의 절정을 보이는 나무들도, 형광에 가까운 연두색
을 띠는 청포도도 모두 여름 색이다.

오븐을 돌리기엔 더운 여름이지만, 커스터드크림을 머금은 청포도 타
르트를 굽는 일요일 오후는 여름이 주는 또 하나의 행복이다.

청포도 타르트

[타르트 지] 박력분 160g ● 버터 70g ● 설탕 50g ● 달걀 30g ● 바닐라엑기스 3g

[커스터드크림] 우유 400g ● 설탕 80g ● 박력분 150g ● 옥수수 전분 10g ●

달걀 1개 ● 기호에 따라 생크림 ● 청포도 ● 미로와(광택제) 1T

[커스터드크림]

1 ··· 볼에 달걀과 설탕을 넣고 섞어준다.

2 ··· 1에 체에 친 옥수수 전분과 박력분을 넣고
잘 섞는다.

3 ··· 2에 뜨거운 우유를 천천히 부어가면서 잘 섞어준다.

4 ··· 3을 중불에서 살짝 끓이다
거품이 생기면 불을 끈다.

[타르트 지]

1 ··· 차가운 버터를 깍뚝썰기한다.

2 ··· 1과 체에 친 가루를 모두 섞은 뒤
손바닥으로 비벼 소보로 상태로 만든다.

3 ··· 2에 달걀을 넣고 잘 섞은 후 덩어리로 만들어
냉장고에서 한 시간 휴지시켜준다.

4 ··· 3을 꺼내 얇게 민 뒤 타르트 틀 위에 펴주고
포크로 구멍을 낸다.

5 ··· 4에 누름돌을 올린 뒤 175도로 예열한
오븐에서 30분가량 구워준다.

[전체]

1 ··· 타르트 지 위에 커스터드크림을 올린다.

2 ··· 1에 생크림을 올린 뒤 물기를 제거한
청포도를 올리고 미로와를 발라준다.

제철 과일이 좋아요

블루베리 밀크푸딩

싱싱한 블루베리로 만나는 콤포트 역시 최고이다.
심플한 요구르트에 넣어 먹어도 맛있고,
잘 구워진 뜨거운 팬케이크에 올려 먹어도 그만이다.

그냥 먹어도 맛있지만, 달콤한 디저트와 만나면 더 사랑스러워지는 과일.

달콤한 디저트를 만들기 시작한 다음부터 과일을 더 좋아하게 되었고, 제철 과일에 집착하기 시작했다. 특히 제철 과일로 만드는 타르트와 푸딩은 언제나 입안에 행복한 사치를 주곤 했다.

그래서인지 짧게 나오는 제철 과일은 언제나 아쉽고 그만큼 소중함을 주곤 한다. 대표적인 과일이 블루베리!

새파란, 어찌 보면 검은 보라색이 감도는 이 치명적인 과일은 더워지기 시작할 때 잠깐 등장하고, 그 후부터는 냉동 제품으로만 접할 수 있어 늘 나에게 조급함을 주는 존재였다. 냉동 블루베리로 만드는 디저트도 맛있지만, 생 블루베리만의 상큼함은 절대 따라갈 수가 없기 때문이다. 세계 10대 슈퍼푸드라는 말을 접하기 전부터 블루베리가 주는 신비한 보라색의 매력에 빠져 있었고, 누구보다 열심히 먹어온 내가 아니던가!

싱싱한 블루베리로 만나는 콤포트 역시 최고이다. 심플한 요구르트에 넣어 먹어도 맛있고, 잘 구워진 뜨거운 팬케이크에 올려 먹어도 그만이다. 그냥 믹서에 갈아 꿀이나 시럽만 살짝 넣어 마셔도 맛있는 블루베리.

블루베리를 이용한 다양한 디저트들이 있지만, 개인적으로 좋아하는 건 푸딩이다. 보드라운 밀크푸딩 위에 생 블루베리로 만든 콤포트와 생크림, 그리고 블루베리를 얹어서 먹는 맛은 가히 최고다. 장식용으로 한 두 개의 블루베리만 올리지만, 사실 옆에 생 블루베리를 쌓아두고 푸딩과 함께 먹어야 더 맛있다. 그래서 초여름만 되면 마트와 식품매장을 어슬렁거리며 블루베리 구입에 열을 올린다. 깨끗하게 씻어 집어 먹기만 해도 맛있기에 이 계절만 되면 마트를 기웃거리게 된다.

이때가 아니면 못 먹는다는 생각도 있지만 또 다른 이유가 있으니, 계절이다. 여름의 초입에서 다가올 뜨거운 햇살과 새파란 하늘에 대한 예고를 보는 기분이랄까.

여름 과일은 수박이라지만, 나에게 여름의 싱그러움을 주는 존재는 블루베리이다. 한여름 갈증을 해소해줄 착한 과일이 수박이라면, 싱그럽게 여름을 예고를 해주는 과일은 단연 블루베리라고 하겠다.

따사로운 햇볕이 내리쬐는 6월의 테이블에 보라색 달콤함을 채워보는 것은 어떨까. 이때가 아니면 누릴 수 없는 달콤한 사치.

| 블루베리 밀크푸딩 : 푸딩 병 4개 분량 |

우유 250ml ● 설탕 15g ● 판 젤라틴 4g ● 생크림 120g ● 달걀노른자 1개 ● 바닐라에센스 ⅛t
[블루베리 소스] 생 블루베리 150g ● 설탕 30g ● 레몬즙 10g

1 … 판 젤라틴은 찬물에 5분간 불려준다.

2 … 냄비에 우유, 생크림, 설탕, 바닐라에센스를 넣고
잘 섞어준 뒤 약한불에서 끓여준다.

3 … 불린 젤라틴을 전자레인지에
20초간 돌려서 녹인다.

4 … 2의 불을 끄고 약간 식힌 후,
3의 젤라틴과 달걀노른자를 넣고 잘 섞는다.

5 … 4를 푸딩 병에 담고 냉장고에서 굳힌다.

6 … 블루베리와 설탕을 냄비에 넣고 중불에서 끓인다.

7 … 6의 가장자리가 끓기 시작하면 레몬즙을 넣고
약한불에서 저어가며 5분 정도 끓인다.

8 … 굳은 푸딩을 꺼내 식힌 블루베리 소스를 올린 뒤
취향에 따라 생크림과 블루베리를 올린다.

추억의 스무 살 그리고
과일 화채

나의 스무 살 추억을 꺼내보게 하는 음식 과일 화채.
어느 날 문득 그 시절 과일 화채가 생각나 웃음이 절로 났다.

대부분의 사람들이 대학 시절 이야기를 하면, 하루로는 안 될 정도로 많은 추억과 에피소드를 풀어낼 것이다. 누군가는 달콤한 연애를 꿈꿨을 것이고, 누군가는 멋진 장래를 그리며 대학에 첫발을 내딛었을 것이다. 어수룩하지만 꿈도 희망도 많았던 스무 살. 나 역시 참 많은 기대와 설렘, 청운의 꿈을 안고 있던 스무 살이었다. 20대의 시작을 재수와 함께 학원에서 보낸 나는 대학생들에 대한 동경이 남달랐다. 대학만 가면 여자 아이돌들처럼 미모를 뽐내며 동갑내기 멋진 남자친구와 캠퍼스를 누비며 핑크빛 연애를 할 줄 알았다. 학업에도 남다른 애정을 보여 장학금은 물론, 좋은 회사에 취직도 할 줄 알았던 나의 20대 초반 시절이 생각나는 오늘이다. 10여 년이 지난 지금은 미래에 대한 청사진은커녕 하루하루의 걱정과 고민을 달고 살게 되었지만 그래도 여전히 작은 꿈 하나 정도는 가슴에 품고 있다. 그것마저 없었으면 얼마나 무료했을까.

대학 시절과 나의 스무 살 추억을 꺼내보게 하는 음식, 바로 과일 화채다.

대학에만 가면 남자들이 줄을 설 줄 알았고, 나는 골라서 만나면 된다고 생각했는데 지금 돌이켜보면 참 귀엽다(?) 새침한 것도 아니고 발랄한 것도 아니었던 나에게 그런 멋진 연애는 있을 리가 없었고, 그렇게 나의 미팅의 역사는 시작되었다. 요즘 어린 친구들도 미팅을 하는지 모르겠으나, 그 당시 나와 내 단짝 친구 두 명은 참으로 열심히 미팅에 나섰다. 지금도 친구들과 만나 그 시절 추억을 떠올리면 깔깔대기 일쑤다. 미팅으로 연애를 시작한 사람이 있긴 있나 싶을 정도로 우리의 미팅은 늘 웃음만 남기는 시간이 되었다. 그때마다 참으로 많은 과일 화채와 과일 소주를 먹고 마셨다. 대학 새내기다운 메뉴라고 할 수 있는 술과 안주는 그 이후 10년 동안 먹은 기억이 없을 정도로 그 시절에만 먹었던 음식이다. 이제는 먹어볼까 싶어도 왠지 민망한 나이가 되어버린 것 같은 느낌이랄까. 처음 만나는 이들과의 시간에서 긍정적이고 여성적인 인상을 주기에도 과일 소주의 선택은 탁월했다는 생각이 들었고, 과일 화채를 서로 퍼주는 시간 또한 어색함을 없앨 수 있는 방법이라 생각했다. 결국 우리 셋은 수십 번의 미팅을 했고, 마지막 미팅을 기점으로 더 이상 시간 낭비는 하지 말자고 다짐하며 우리들의 미팅 흑역사를 끝내게 되었다.

멋진 남자친구를 만날 수는 없었지만, 시간이 흐른 지금은 생각하면 웃을 수 있는 젊은 날의 에피소드로 남았다. 여름이 되면 과일 화채를 즐겨 먹곤 하는데, 어느 날 문득 그 시절 과일 화채가 생각나 웃음이 절로 났다. 상큼하진 않았지만, 청춘이란 이름으로 빛나던 나의 스무 살 시절 기억의 매개 중 하나가 된 과일 화채다.

| 과일 화채 |

수박 ● 키위 ● 과일 통조림 ● 칼피스 ● 사이다

 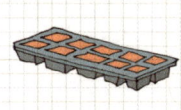

1··· 칼피스는 얼음 케이스에 넣고 얼려준다.

2··· 수박과 키위는 한 입 크기로 잘라준다.

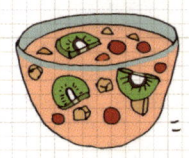

3··· 볼에 손질한 수박, 키위, 과일 통조림,
　　　칼피스 얼음을 넣고 사이다를 부어주면 완성!

너를 만드는 시간
밀크캐러멜

딱딱하지도 그렇다고 말랑하지도 않으면서
달콤하며 자꾸 생각나는
캐러멜 같은 지혜롭고 따뜻한 사람이 되고 싶다.

이제는 나도 어디 가서 어른이라고 말할 수 있을 나이이지만, 때때로 기다렸다는 듯이 몰려오는 시련과 미숙함, 지혜롭지 못한 결정 등이 내 기운을 쏙 빼놓기도 한다. 몇 년 전만 하더라도 새로운 사람들과 친구가 되고 인연을 만들어가는 게 그리 어려운 일이 아닌 듯 느껴졌지만, 사회에서의 경험과 생각들은 어느 사이엔가 스스로를 벽 안에 가두고 외톨이로 만들어버렸다. 우습게도 불과 얼마 전까지 이런 나의 모습은 프로페셔널하고 당찬 직장인의 자세라고 여겼지만, 시간이 지날수록 사람과의 관계에서 오는 상처가 생각보다 크다는 걸 깨닫게 되었다.

나만 잘났다고 생각한 오만도, 거침없는 자신감에 넘치던 때도 있었던 것 같다. 사회 초년생 때보다 두 배는 넘게 오른 월급에 나는 그렇게도 자신만만했던 걸까. 하지만, 시간이 흐를수록 공허해지는 나의 마음은 무엇이라고 설명해야 할까. 20대 때 나의 미숙함을 모두 보살펴주며 바른 길로 안내해주던 나의 선배가 그리워지는 날이다.

스스럼없이 마음을 열고 거리낌 없이 스스로에 대해 이야기하던 그때의 나, 그리고 그 이야기에 귀기울여주고 내가 나아갈 방향에 대해 이야기해주었던 고마운 나의 선배.

왜 지금은 나를 지켜봐주는 사람 없이 혼자서 노를 젓고 있는 듯 외로운 기분에 싸여 있는지 다시 한 번 생각해보았다. 무엇이 문제였을까. 그러다 문득 거울 속의 나를 보고 깨달았다. 스스로를 벽에 가둔 것은 나였구나, 하고. 나를 감추고 드러내지 않는 것이 사회인의 자세라고 생각했으나 나의 속마음을 감출수록 내게 돌아오는 것은 외로움뿐이었다.

많은 생각을 하며 잠들었고 일어나자마자 바닥이 깊은 냄비를 꺼냈다. 그리고 나의 마음이 하얘졌으면 하는 마음으로 우유를 냄비 가득 넉넉하게 붓고 끓이기 시작한다. 눌어붙지 말라고 조심스레 그리고 오래오래 끓인다. 다리는 아프지만, 진득해지고 단단해지는 우유를 보며 새삼 위로를 받는다. 나는 마음을 열지 않았지만, 그래도 내게 꾸준히 마음을 보이며 다가오는 나의 동료가 생각난다. 이제부터라도 마음을 열자.

지혜롭고 따뜻한 사람이 되고 싶었다. 지금도 그렇고. 조금씩 마음을 다스리는 이 아침, 창밖의 겨울 햇살이 차가우면서도 반갑게 느껴지는 건 어젯밤 나의 반성과 오늘 아침의 마음을 젓는 시간이 있었기 때문이겠지. 딱딱하지도 말랑하지도 않으면서 달콤하며 자꾸 생각나는 이 캐러멜 같은 사람이 되어야겠다. 내일은 이걸 나의 사람들에게 나눠주고 싶다. 닫혀 있던 내 마음도 캐러멜 녹듯 녹길 바라며.

| 밀크캐러멜 |

생크림 300g • 우유 180g • 꿀 15g • 올리고당 15g • 버터 30g •
설탕 150g • 견과 50g • 바닐라오일 ¼t

1··· 냄비에 우유, 생크림, 올리고당을 넣고 끓인다.

2··· 끓기 시작하면 바닐라오일을 첨가한다.

3··· 설탕을 넣고 계속 끓이다가 걸쭉해지면
버터를 넣고 저어가며 끓여준다.

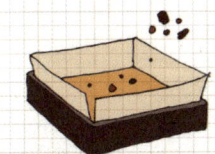

4··· 20분 이상 끓여 걸쭉해진 반죽을 유산지를 깐
틀에 붓고 기호에 따라 견과를 올려준다.

5··· 냉장고에서 1시간 정도 굳힌 뒤
먹기 좋은 크기로 잘라준다.

milk caramel:

시원한 녹색의

녹차 팥 파운드케이크

THANKS

팥을 졸이는 과정이 조금 귀찮지만
홈메이드 팥 조림을 가득 넣은
녹차 파운드케이크는 생각만 해도 침이 고인다.

책을 준비하면서 정말 많은 디저트를 만들게 되었다. 원래 좋아하고 즐겨 만들었던 것들도 있고 계절감을 살리기 위해 새로 만든 것들도 있다. 많은 디저트 가운데 언제 만들어도 즐거운 것이 있다면 바로 파운드 케이크이다. 아끼는 식자재나 좋아하는 과일이 생기면 가장 먼저 만들곤 했던 파운드케이크.

과일이나 크림을 아낌없이 넣어 촉촉, 보슬보슬하게 만든 파운드케이크도 좋아하고 파운드케이크라는 이름의 유래에 어울리게 기본 재료를 아낌없이 넣어 만든 묵직한 식감의 파운드케이크 역시 사랑한다. 어느 날 엄마가 건네주신 동글동글 윤기가 흐르는 검붉은 팥알을 보니 파운드케이크가 떠올랐다. 팥과 어울리는 재료에는 어떤 것이 있을까 고민하는 동안 내 머릿속에 떠오른 것은 바로 녹차!

나는 시중에서 파는 아이스크림 중 찰떡 아이스를 가장 좋아한다. 팥과 쑥떡의 맛이 묘하게 잘 어울리는 아이스크림! 그래서 생각난 건 팥알이 송송 박힌 녹차 파운드케이크. 팥을 졸이는 과정이 조금 귀찮지만 홈메이드 팥 조림을 가득 넣은 녹차 파운드케이크는 생각만 해도 침이 고인다. 게다가 팥과 녹차가 주는 색감의 조화도 예쁘지 않은가. 여름에 권장하기는 나쁜 레시피이긴 하지만, 만들어두면 팥빙수도 만들어먹을 수 있기에 땀을 흘리며 불 앞에서 팥을 졸인다. 설탕을 넣고 불 위에서 잘 저어 만든 팥 조림을, 녹차 가루를 넣은 파운드케이크 반죽에 아낌없이 넣고 예열한 오븐에 구워낸다. 그리고 하루 정도 냉장고에서 식힌 뒤 꺼내 썰어보니 팥이 참 맛있게도 익어 있다. 잘린 팥알의 단면과 녹차색이 주는 맛있는 케이크의 모습에 다급히 식탁 앞에 앉게 된다. 남은 단팥은 한 시간 정도 냉동실에 얼린 우유에 올려 먹어야겠다.

| 녹차 팥 파운드케이크 |

[팥배기] 팥 130g ● 설탕 3.5T ● 올리고당 3T ● 소금 ⅛t

[파운드케이크] 박력분 200g ● 설탕 120g ● 버터 180g ● 녹차 가루 10g ●
달걀 2.5개 ● 베이킹파우더 6g ● 바닐라에센스 1t

1 ··· 팥은 팥 양의 2.5배의 물을 넣고 끓여준다.

2 ··· 물이 자작해지면 올리고당과
4배의 물을 붓고 약한불에서 졸여준다.

3 ··· 실온에 둔 버터를 크림과 같은 질감이 날 때까지
잘 저어준다.

4 ··· 설탕을 버터에 넣고 풀어준 뒤
달걀을 두세 번 나누어 부어주고
레몬색이 될 때까지 저어준다.

5 ··· 체 친 가루를 가루의 20퍼센트가 남을 정도로만
주걱으로 잘 섞어준다.

6 ··· 팥 알갱이는 밀가루를 살짝 묻혀 코팅한 후
5의 반죽과 함께 섞어준다.

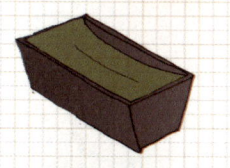

7 ··· 파운드 틀에 반죽을 붓고 바닥에 탕탕 쳐서
표면을 고르게 한 후 170도로 예열한 오븐에서
35~40분간 구워준다.

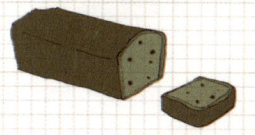

여름 색

살구 타르트

한입 베어 물면 입안 가득 침이 고이는
새콤한 맛의 살구는 여름을 대표하는 과일.
바삭바삭한 타르트로 구우면 색감과 식감 모두를 만족시킬 수 있다.

음악은 누구에게나 그렇겠지만, 내게도 참 소중하고 중요한 존재이다. 사진을 찍을 때도 베이킹을 하고 음식을 만들 때도, 글을 쓸 때부터 그림을 그릴 때까지 나의 소중한 시간에는 늘 음악이 함께한다. 어떤 음악을 좋아하냐고 묻는다면 늘 대답을 못하기도 한다. 나에게 음악은 음식같이 늘 상황에 맞게, 그때그때 다르게 다가오기 때문이다. 사진을 찍고 요리를 하면 무척 여성스러운 취미를 가졌다고 생각하고 나를 완벽하게 여성으로만 보는 시각들도 있는데, 나와 친한 사람들은 알 것이다. 내가 얼마나 털털하고 왈가닥이며 남성다운 취향도 있는지. 그런 나의 복합적이면서 정체성을 알 수 없는(?) 취향은 음악에도 나타난다. Jay-Z 콘서트를 가면서 김광석 음악만 주구장창 듣거나 오아시스의 재결합을 외치며 여름날의 록페스티벌을 꿈꾸지만, 토이의 노래는 언제나 나의 리스트 속에 있다. 감수성이 예민하여 매우 다양한 감정과 취향을 갖고 있다고 포장하기엔 지나치게 잡식성이라고 말할 수 있겠지만, 난 나의 이런 잡식성 취향이 싫지 않다.

나는 그저 월요일 출근길엔 나를 위로해줄 수 있는 인디밴드의 조용한 노래가 좋고, 여름날 휴양지에서 듣는 클럽 음악이 좋을 뿐이며, 친구들과의 크리스마스 파티에선 겨울 재즈가 듣고 싶을 뿐이다. 나의 유별난 취미 생활처럼 음악에도 꽤나 다양한 취향이 있을 뿐이다.

"흥을 아는 사람과 함께하는 시간이 즐거워요. 흥을 알고 밤이 새도록 함께하며 음악을 들을 수 있다는 건 서로에게 굉장히 소중한 존재가 된 것이라 할 수 있죠."

흥을 자부심으로 느끼기엔 음악적 소향이 깊지는 않지만, 열려 있는 나의 취향과 취향을 받쳐주는 내 속의 '흥'이 자랑스럽다.

음악적 성향은 달라도 음악을 좋아하는 사람이라면 누구나 공감하는 순간이 있다. 그건 바로 마음에 드는 노래를 만났을 때, 마음에 드는 노래를 주구장창 들으며 평범한 일상에 활력소가 될 때 행복해진다는 것. 음악을 좋아하는 사람이라면 누구나 이 '순간'의 느낌을 알지 않을까.

몰랐던 노래를 알게 되고, 그 노래를 '무한 반복'으로 재생시킬 때 느끼는 반가움은 일상의 소소한 행복일 것이다.

이건 음식도 마찬가지다. 이전에 몰랐던 맛을 알게 될 때마다 기쁘기도 하고 즐겁기도 하다. 그럴 때마다 행복이라는 게 참 별게 아니구나 하는 생각도 든다. 어린 시절부터 살구는 쉽게 접하기도 힘들었지만, 할머니들이나 좋아할 것 같은 과일이라는 이미지가 강해 그리 즐겨 먹지 않았다. 그러다 몇 년 전, 여름의 문턱에서 살구를 맛보고 난 후부터는 팬이 되었다. 그렇게 특색 없어 보이던 살구였는데 다시 보니 색도 곱고 맛도 여름스러운 것이 어찌나 맛있던지. 한입 베어 물면 입안 가득 침이 고이는 새콤한 맛에 그 여름 살구를 참 많이도 먹었던 기억이 난다.

취향은 변하고, 그 수는 시간이 지날수록 쌓인다. 그리고 삶의 흥겨움은 늘어만 간다.

| 살구 타르트 |

[타르트 지] 72쪽 레시피 참고

[필링] 타르트 2호 사이즈 기준 : 버터 110g ● 아몬드 가루 100g ● 슈거파우더 80g ●
달걀 1개 ● 박력분 40g ● 바닐라에센스 0.5t ● 살구 8~10개 ● 미로와 약간

1 ··· 실온에 둔 버터를 풀어준 뒤
슈거파우더를 넣고 섞어준다.

2 ··· 1에 달걀을 두세 번에 나누어 넣어가며 휘핑해준다.

3 ··· 2에 체 친 가루와 바닐라에센스를 넣고 섞는다.

4 ··· 구워 식힌 타르트 지에 3의 필링을
7~8부가량 채운다.

5 ··· 4에 반으로 자른 살구를 올리고
180도로 예열한 오븐에서 25~30분간 구워준다.

6 ··· 5를 꺼내 식힌 뒤
미로와 또는 살구 잼을 발라주면 완성.

살구타르트

Summer 7

7월의 빗소리

과일 토스트

비 내리는 날 버터에 자글자글 구운 토스트의 맛이란! 커피에 어울리는 최고의 디저트라 할 만하다.

비가 오는 날을 그렇게 좋아하진 않지만, 여름날 시원하게 내리는 소나기는 참 좋아한다. 후텁지근한 여름 더위를 잠시 식혀주는 데다 소리 또한 경쾌해서 비가 그친 뒤에는 정말 여름이구나, 하고 느낄 수 있는 싱그러움이 있다. 비 내리는 여름날엔 광고 속에 나오는 열여덟 소녀처럼 투명한 우산을 쓰고 마냥 걷고 싶을 때도 있고, 집에서 창문 열어놓고 빗소리를 들으며 뒹굴 거리고 싶을 때도 있다. 보고 싶은 친구와 오랜만에 학교 앞에서 만나 기름 냄새 가득한 전 한 접시 앞에 놓고 막걸리 잔을 기울이고 싶을 때도 있다.

눅눅하게 비에 젖는 게 싫어 비 오는 날을 싫어하는 사람들도 있다지만, 달리 생각해보면 우산 사이로 들이치는 빗발이야말로 여름날의 정취 중의 하나이기도 하다. 그래서인지 7월의 빗소리를 상상하면 언제나 가슴이 두근거린다. 그리고 그 언젠가 오랜 친구와 조우하던 날이 떠오른다. 쏟아지는 폭우에 투덜거리며 이야기 나눌 만한 공간을 찾는 데도 꽤나 오랜 시간을 들여야 했지만 그날 우리 손에 들려 있던 우산에서 떨어지던 빗물이 왜 이렇게 생각이 나는지. 사방을 에워싼 빗소리에 주변의 소음이 차단되어 꼭 세상에 우리 둘만 있는 것 같았다. 그리고 그날 친구와 함께 먹었던 토스트 한쪽.

비 내리는 날 버터에 자글자글 구운 토스트는 참 잘 어울렸고, 커피에 어울리는 최고의 디저트였다. 서로를 많이 아끼고 잘 알수록 사진도 잘 찍는다 생각하는 나만이 철학이 있는데, 이날 친구가 찍어준 나의 사진은 매우 행복하고 예뻐 보인다. 비가 오면 머리도 부스스해지고 화장도 들떠 사진이 잘 안 나오곤 했는데 이날 사진 속의 나는 내리는 비가 행복했던 건지, 친구와 먹는 토스트가 맛있었던 건지 연신 행복한 웃음을 짓고 있다.

그 뒤로 더 좋아진 여름날의 비와 빗소리, 오늘은 그날을 생각하며 냉동실 속 빵을 꺼내 토스트를 구워봐야겠다.

| 과일 토스트 |

바게트 빵 2인분 ● 우유 250g ● 달걀 1.5개 ● 소금 2g ● 슈거파우더 10g ●
식용유 ● 땅콩버터 50g ● 생크림 30g ● 바나나 1개
[블루베리 콩포트] 냉동 블루베리 70g ● 설탕 70g

1··· 냉동 블루베리와 설탕을 30분간 재워둔 뒤
볼에 졸여준다.

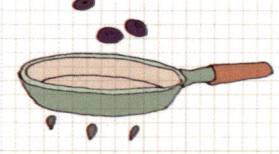

2··· 우유와 달걀을 푼 트레이에
바게트를 담그고 불린다.

3··· 달군 팬에 2의 빵을 구워준다.

4··· 3의 빵 한쪽에 땅콩버터와 생크림을 올린 뒤
슬라이스한 바나나를 올려준다.

5··· 다른 빵에는 1의 블루베리 콩포트와
생크림을 올려준다.

6··· 두 가지 토스트 위에
슈거파우더를 뿌리고
민트 잎으로 장식한다.

Toast

추억은 방울방울

아이스크림

따뜻한 봄 햇살을 만끽하며 먹은 아이스크림은
나를 영화 속 주인공으로 만들어주었다.

　어린 시절 나와 동생이 공통적으로 좋아하던 순간이 있다. 더운 여름
날 부모님의 손을 잡고 따라간 동네 공원. 신나는 놀이 기구도, 재미있
는 볼거리도 없는 평범한 동네 공원이었지만 그곳에는 아이스크림을 파
는 손수레가 있었다. 부모님을 졸라 사 먹던 아이스크림은 그야말로 꿀
맛이었다. 입안 가득 퍼지는 콘 아이스크림은 지금도 나의 행복했던 유
년의 기억으로 남아 있다. 싸구려 과자에 담긴 색소 맛 아이스크림이 그
시절엔 왜 그리 맛있었던지. 바닥에 떨어뜨리기라도 하면 울고불고 난리
를 피우던 일곱 살의 나를 생각하면 우습기도 하지만, 그렇게 어린 시절
엔 늘 아이스크림과 함께했다. 그리고 그 순간만큼은 내가 이 세상에서
제일 행복한 아이가 된 것 같았다.

　스무 살 대학 시절엔 처음 맛보는 알코올 라이프에 빠져 신나게 친구들
과 놀고 집에 갈 때, 늘 체인점 아이스크림 가게에 갔다. 쓴 술을 마신 뒤
달콤하고 다양한 아이스크림을 고르고 먹을 때마다 마치 내가 청춘 영화
의 주인공이 된 것 같았다. 술 마시고 아이스크림 먹는 데 웬 영화 주인
공이냐 할 수 있겠지만, 그때 나는 내가 홍대 앞의 주인공이란 생각을 하
며 살았다. 취기가 올라 기분이 한껏 들뜬 상태에서 입안 가득 퍼지는 달
콤한 차가움은 살짝 정신을 들게 해주면서 기분을 한층 돋우어주는 존재
였다.

물론 지금은 아이스크림 하나로 세상을 다 가진 것 같지도 않고, 주인공도 아니다. 하지만 얼마 전 서른의 문턱을 조금 넘은 시기에 갔던 제주에서 나는 다시 주인공이 되었다.

조용하게 울리는 파도 소리와 동네 강아지들이 발끝에 와 아양을 부리던 시골 작은 바닷가 마을에서의 시간이었다. 유명한 관광지였지만, 그래도 조용한 바닷가 마을의 서정적인 분위기가 그대로 남아 있던 그곳에서 따뜻한 봄 햇살을 만끽하며 먹은 아이스크림은 나를 영화 속 주인공으로 만들어주었다. 고소한 땅콩가루가 뿌려진 것 빼고는 평범하기 그지없던 아이스크림이었지만, 한입 넣는 순간 입안 가득 퍼지는 그 맛과 봄 햇살의 조화는 지금도 잊을 수 없는 추억으로 남아 있다.

화려한 거리에서 빛나는 젊음을 자랑하는 영화의 주인공이 아니라 조용한 바닷가에서 이제는 조금 철이 든 표정으로 소박한 삶의 행복을 느끼는 평범한 여주인공이 된 것만 같은 기분. 늘 이야기하지만, 젊음은 찬란하고 아름다우나 돌아가고 싶진 않다. 그때는 이런 행복을 몰랐고 늘 불안했기에. 평범한 아이스크림 하나에 많은 생각을 하고 새로운 삶의 행복을 느끼게 해주는 지금이 좋다.

그리고 기대가 된다. 나의 40대의 아이스크림은 어떤 존재로 다가올는지!

| 아이스크림 |

바닐라빈 ½개 ● 우유 200g ● 생크림 180g ● 설탕 80g ● 달걀노른자 2개

1··· 바닐라빈은 반을 갈라 씨를 긁어낸다.

2··· 우유 200g과 생크림 120g,
바닐라빈 껍질과 씨를 넣고 중불에서
가장자리에 약간 거품이 생길 때까지만 끓인 후
20분간 식힌 다음 체에 걸러준다.

3··· 볼에 생크림 60g과 달걀을 넣고 거품을 낸다.

4··· 3에 2의 ½을 천천히 부어가며 저어준다.

5··· 팬에 4를 붓고, 2를 마저 붓는다.

6··· 5를 약한불에서 저어가며
걸쭉해질 때까지 5~10분간 끓여준다.

7··· 6을 냉동실에 3시간 이상 보관한 뒤
꺼내서 포크를 이용하여 긁어
잘 섞어준 뒤 다시 얼려준다.
1시간 뒤 다시 꺼내 포크로 긁어주는
작업을 3회 정도 반복한다.

icecream

* 콩가루와 땅콩을 올려 먹어도 좋다

Summer 9

특별한 날
황도 스무디

●Like Like Drive
アラモアナセン
リ、かなりの頼
夕方になると
くネオンといい
とその口コと
埋め尽くされ
さすぎていて

처음 황도 통조림을 한입 먹었을 때,
한 숟가락 뜨고는 깜짝 놀라 눈 깜짝할 사이에
한 캔을 다 먹었던 기억이 난다.

　욕실 청소를 한 뒤에는 꼭 컵라면을 먹는다는 친구의 말에 한참을 웃었다. 엄청 웃긴 이야기인데 공감이 가면서 고개를 끄덕일 수밖에 없었다. 어린 시절 락스 냄새 가득한 동네 풀장에서 수영을 하고 젖은 머리의 물을 뚝뚝 흘려가며 오들오들 떨며 먹던 컵라면의 맛이 생각났기 때문이다. 다니던 피아노 학원에서 라면을 끓여먹을 수 있었는데, 라면을 먹을 때는 학원 휴게실에 있던 만화책을 볼 수 있었다. 텁텁한 만화책 종이 냄새를 맡으며 먹던 라면이 어찌나 맛있던지, 이때 먹었던 라면의 맛은 지금까지 잊지 못한다. 또 다른 친구는 어린 시절 등산하고 나서 먹는 라면이 정말 맛있어서, 라면 먹으러 등산할 정도라는 말을 해주었다.
　그냥 먹어도 맛있지만, 어떠한 상황 속에서 먹으면 더 맛있게 느껴지는 음식들이 있다. 라면만큼 기억 속에 유난히 맛있던 상황으로 남아 있던 음식이 있으니 바로 황도 통조림이다. 의외로 어린 시절엔 그냥 생과일이 참 맛없게 느껴졌다. 그런데 이 황도 통조림은 달콤한 국물 속에 말랑한 과육이 퐁당 담겨 그 어떤 것보다도 맛있었다. 처음 황도 통조림을 한입 먹었을 때, 한 숟가락 뜨고는 깜짝 놀라 눈 깜짝할 사이에 한 캔을 다 먹었던 기억이 난다. 물론 지금은 생과일, 그것도 제철 과일 중에서 제일 예쁜 것으로 골라 먹을 정도로 좋은 과일을 먹기 위해 노력하고 있지만 그 당시에는 통조림이 그렇게 맛있었다. 휴가의 마지막 날, 아쉬웠던 여름 여행이 끝나고, 마지막 날을 즐기기 위한 간식을 사러 슈퍼에 간다. 뜨거운 8월 햇살 아래, 평일 동네를 걷고 있으니 어린 시절이 생각난다.

늘 먹을 수 있는 게 아니라 손님이 사오던 품목 중 하나여서 더 맛있게 느껴졌던 황도 통조림.

황도 통조림을 먹으며 텔레비전을 보고 싶다는 생각이 문득 들었다. 물론 지금 먹으면 무척 달겠지만, 그래도 여름 하늘 뭉게구름처럼 몽글몽글 피어오르는 유년의 기억이 많이 생각나는 날이기에 한 캔 구입한다.

라면도 황도도 지금은 아무리 맛있게 먹으려고 해도 그 시절 나의 기억 속 맛과는 차이가 난다. 그래도 오늘만큼은 참 맛있을 것 같은 기대가 든다. 그런 여름 냄새가 나는 날이다.

| 황도 스무디 |

황도 통조림 1.5개 ● 바나나 2개 ● 꿀 2T ● 물 4〜5T

1 ··· 황도와 바나나는 한입 크기로 잘라준다.

2 ··· 황도, 바나나, 꿀, 물을 믹서에 넣고 갈아준다.

3 ··· 컵에 2를 7부가량 담은 뒤,
　　　다진 황도를 위에 얹어준다.

마음을 나누는 건 어렵고도 쉬운 일

초코마블케이크

두 가지 색이 섞여 있는 마블케이크를 보면 기분이 좋아진다.
서로 다른 색이 신기하게 섞여 있는 모습이 참 예쁘다.

누군가에게 마음을 보여주거나 누군가의 마음을 알아차리는 일은 둘 다 어렵다. 서로의 마음을 완전히 이해하기 전까지 수없이 상처받고 돌아서 단념하게 된다. 이는 남녀 간의 사랑뿐만 아니라 친구도 해당된다. 누군가가 내리는 친구의 정의가 내가 생각하는 친구의 정의와 다를 수 있지만, 내가 생각하는 친구는 나이와 환경 모두 중요하지 않다. 다만 서로의 마음이 통했다는 것만으로도 친구이다. 어릴 적 내가 학교 가던 길에 반갑게 인사한 뒤로 나만 보면 인사를 하던, 어느 날부턴가 보이지 않아 펑펑 울며 온 동네를 찾아다녔던 앞집 누렁이도 나의 친구였다. 키 순서대로 자리에 앉아 늘 비슷비슷한 몸집으로 수업이 끝난 후에 떡볶이도 먹으러 가고 부모님이 안 계신 날에는 캔 맥주를 사다 마시기도 했던 15년 지기 중학교 동창들 역시 친구이다. 누구보다 마음속에 있는 말을 가장 편하게 털어놓고 위로받는 나의 베스트프렌드, 엄마도 있다.

서로에게 속마음을 털어놓고 이야기할 수 있고, 서로의 마음을 알아차릴 수 있다면 마음을 나눈 것이다.

시간이 흐를수록 단단해지는 것인지 철벽을 치는 것인지 누군가와 마음을 나누는 일이 줄어들지만, 그래도 가끔 이런 상대를 만나면 아직 내 마음에도 온기가 남아 있구나 하는 생각이 든다. 그리고 최근엔 어려운 결심도 했으니, 마음이 따뜻한 사람이 되고 싶다는 것이다. 물론, 마음을 나누게 된 다음에 따뜻한 내가 되겠지만, 그래도 이런 결심을 하게 된 자체만으로도 마치 내가 어른이 된 것 같아 기분 좋아졌다. 아직 따뜻한 사람이라고 자신 있게 말할 수는 없지만, 그래도 이런 마음으로 보내면 50대쯤 되었을 때 내 인상이 더 부드럽게 늙어 있지 않을까. 물론, 모든 것은 마음을 나누는 친구가 있어야 한다는 전제가 있지만 말이다.

두 가지 색이 섞여 있는 마블케이크를 보면 기분이 좋아진다. 서로 다른 색이 신기하게 섞여 있는 모습이 참 예쁘다. 마블케이크를 만들 때 두 가지 반죽을 섞는 건 순식간의 일이다. 그전 작업까지는 시간이 걸리지만, 두 가지 반죽이 섞이는 건 순식간의 일이다. 사람의 마음도 마찬가지겠지. 그리고 완성된 케이크에서 따뜻하고 좋은 냄새가 나는 것처럼 서로 나눈 마음도 그러할 것이라 생각한다.

| 초코마블케이크 |

박력분 170g ● 버터 120g ● 설탕 90g ● 달걀 2개 ● 베이킹파우더 4g ●
우유 30g ● 코코아 가루 30g

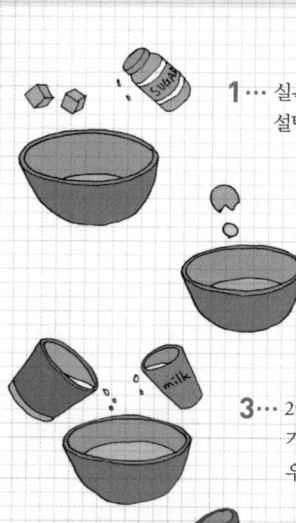

1··· 실온에 둔 버터를 풀어준 뒤,
설탕을 넣고 마저 섞어준다.

2··· 1에 달걀을 넣고
부드러운 크림 상태가 될 때까지 저어준다.

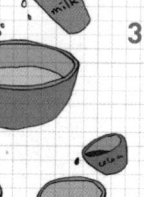

3··· 2에 체 친 베이킹파우더와 박력분을 넣고
가루가 보이지 않을 정도로만 가볍게 섞어준 뒤
우유를 넣고 마저 섞어준다.

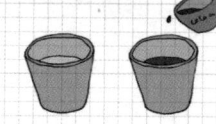

4··· 3의 반죽을 ½ 분량씩 두 개의 볼에 담은 뒤,
한 개의 볼에 코코아 가루를 넣고 섞는다.

5··· 버터를 바른 파운드케이크 틀에
4의 반죽을 순서대로
각각 위아래로 부어준 뒤
젓가락으로 가볍게 네 번 정도 휘저어준다.

6··· 170도로 예열한 오븐에서
30~40분간 구워준다.
젓가락으로 찔러보았을 때
반죽이 묻어나오지 않으면 완성!

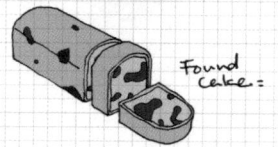

Found
cake:

늘 응원해

초코 오트밀 바

늘 고맙고 미안한 내 주변 사람들에게 힘이 되어주고 싶은 날,
오트밀과 말린 과일을 넣어 초코 오트밀 바를 만든다.

나는 친하지 않은 사람에게는 배려 있게 행동하고 친절하게 대해주면서 정작 나와 가장 가까운 이들에게는 한없이 이기적으로 행동하는 안 좋은 성격을 갖고 있다. 밖에서는 이래저래 눈치도 보며 상대를 배려하며 스트레스 받고 싫은 소리도 잘 못하면서 정작 친한 이들에겐 그러지 않는 못된 버릇을 갖고 있어 늘 친구나 가족들에게 아쉬운 소리를 듣기도 한다. 그럴 때마다 나의 모자란 성격을 반성하며 미안한 마음을 전하곤 한다. 그래도 철이 들고, 지금은 바꾸어보려고 노력하지만 가끔씩 나오는 나의 못난 모습은 여전히 당황스럽다. 물론 예전엔 잘못한 건지도 몰랐던 것에 비하면 엄청나게 변화한 모습일지 모르지만, 기본적으로 사람의 성격은 타고나는 것이라 믿는 편이라 그저 고치려고 노력할 뿐이다. 그럼에도 불구하고 나의 곁에서 늘 나를 응원해주는 소중한 사람들이 있기에 나는 행복한 사람이라 생각한다.

반죽을 만들고, 오븐을 돌리는 시간, 밀가루가 부푸는 걸 지켜보며 누군가를 위해 집중할 수 있는 시간은 나의 이런 부족한 성격을 반성하는 시간이자 사과하는 시간이 되기도 한다.

늘 옆에 있기에 오히려 신경 써주지 못하고 편하게 대하며, 이야기도 제대로 듣지 않은 채 지나쳐버리는 나의 소중한 친구가 요즘 힘들어한다. 늘 나와 마주하면 웃음이 넘치고 에너지가 넘치던 친구였는데, 얼마

전부터 지쳐 있는 표정이 역력하다. 문득 내가 잘할 수 있는 것으로 친구를 위로해주고 싶다는 생각이 들었다. 키보드와 휴대전화에 익숙해져 손 글씨는 영 자신 없어졌지만 그래도 직접 쓴 편지를 곁들여 작은 선물을 전달하고 싶었다. 친구가 좋아하는 초콜릿과 오트밀, 건강한 견과를 가득 넣고 프라이팬에서 젓는 시간, 그리고 반죽을 틀에 담고 굳히는 그 한 시간 동안 친구를 생각하니 입가에 흐뭇한 미소가 돈다. 잘 굳어진 오트밀 바를 꺼내 칼로 자르고, 하나하나 포장하며 작지만 진심 어린 내 마음이 함께 전해졌으면 좋겠다는 생각을 한다.

처음 베이킹을 할 땐 재료와 시간의 압박에 그냥 사먹고 말지, 라는 생각도 했었다. 하지만 누군가를 위해 오롯이 집중해서 내 마음을 표현할 수 있다는 생각에 점점 베이킹의 매력에 빠져 들었다.

받는 사람의 상황과 취향에 맞춰 선물할 수 있고, 무엇보다 내 손으로 직접 만들어서 선물한다는 점이 가장 큰 매력이다.

늘 나의 이야기를 들어주고 묵묵히 응원해주던 나의 친구에게 오트밀 바를 수줍게 내밀고, 오늘은 내가 친구의 이야기를 들어줘야겠다. 길고 따뜻하게.

| 초코 오트밀 바 |

오트밀 200g ● 버터 30g ● 마시멜로 100g ● 크랜베리 50g ● 초콜릿 칩 50g ●
아몬드 슬라이스 30g ● 해바라기 씨 30g ● 건포도 30g

1··· 견과는 160도로 예열한 오븐에서
10분간 구워준다.

2··· 중약불로 달군 팬에 버터를 녹인 뒤,
마시멜로를 녹인다.

3··· 2에 1의 견과와 초콜릿 칩, 크랜베리,
오트밀, 건포도를 넣고 빠르게 섞는다.

4··· 유산지를 깐 팬에 3의 반죽을 담고
평평하게 눌러준다.

5··· 서늘한 곳에서 1시간 이상 굳힌 뒤
먹기 좋은 크기로 잘라주면 완성!

Summer 12

여름 그 청량함의 배경

모히토

여름밤, 특유의 여름 냄새를 맡으며
야외 테라스에 앉아 친구와 마시는 모히토는 황홀, 그 자체이다.

『친구의 식탁』을 출간하고 한 일간지와 인터뷰를 한 적이 있었다. 나간 기사는 제법 화제가 되었고, 포털사이트에도 기사가 반나절 넘게 떠 있었다. 기사 제목과 내 사진과의 부조화 때문에 악플이 달리기도 했지만, 내겐 잊을 수 없는 추억 중 하나이다.

그 기사 중에 허브에 대한 이야기가 있었는데, 바질이나 애플민트, 루콜라 등을 직접 키운다는 이야기에 기자분이 꽤나 재미있어 했던 기억이 난다.

여전히 나는 여러 가지 허브를 키우고 있는데, 날이 더워지기 시작하는 초여름이 되면 분갈이까지 해서 크게 키우는 허브가 있으니 바로 애플민트이다. 이유는 단 하나, 모히토 때문이다.

여름밤, 특유의 여름 냄새를 맡으며 야외 테라스에 앉아 친구와 마시는 모히토는 최고다. 여름이 좋은 이유 중에 포함될 정도로 라임과 애플민트가 가득 들어간 모히토를 사랑한다. 슈퍼나 마트에서 싱싱한 라임을 구하는 것이 힘들다면 냉동 라임을 써도 괜찮다. 냉동실 가득 라임을 넉넉하게 보관해두면 여름 내내 든든하다. 럼과 탄산수를 넣은 모히토에도 어울리지만, 소주와 토닉워터를 섞은 술에도 라임과 애플민트를 넣으면 풍미가 훨씬 좋아진다. 맥주도 좋지만, 모히토가 주는 청량한 여름의 맛이 좋다. 친구와 먹는 브런치에도 아이스커피만큼 잘 어울리는 음료이기도 하다. 엄마의 손길이 더해져 더욱 풍성하게 자라난 애플민트를 사정없이 뜯어낼 때의 뿌듯함이란! 내 손으로 키워서 먹는 맛이 이런 것이구나, 하고 느끼게 된다.

누군가 여름 이미지를 표현해보라고 한다면 파도치는 바다가 아닌 모히토를 제조하는 과정을 그릴 것이다. 맑게 빛나는 여름의 청량함과 맛을 가장 잘 표현하는 것은 역시 모히토이다. 술을 전혀 못한다면 럼 대신 탄산수를 넣어보자. 바로 라임에이드가 된다.

몇 가지 재료만 구비해두면 여름밤 내내 시원하게 레스토랑에서 파는 듯한 모히토를 즐길 수 있으니 이번 여름에는 알코올 쇼핑을 해보는 것도 좋겠다.

| 모히토 : 2잔 분량 |

애플민트 30g ● 라임 4개(3개는 즙, 1개는 장식) ● 럼 60g ● 설탕 2T ● 탄산수 400g ● 얼음

1··· 애플민트는 깨끗이 씻은 뒤 잎을 손질한다.

2··· 라임도 깨끗이 씻은 뒤 반으로 잘라 준비한다.

3··· 컵에 애플민트와 라임을 넣고 짜주듯 눌러가며 즙을 낸다.

4··· 설탕과 럼을 넣고 섞어준다.

5··· 탄산수와 얼음을 넣고 잘 저어준다.

mojito 6··· 라임 한 개를 반으로 잘라 각각 컵 위에 장식한다.

Summer 13

언젠가의 나의 카페를 위해

오레오 셰이크

조금은 지친 어느 주말,
도저히 달아서 다 못 먹을 셰이크를 만들어
누군가와 웃으며 나누고 싶다.

조그만 꿈일 수도 있고, 막연한 꿈일 수도 있지만 언젠가는 나의 작업실 겸 커피와 음식이 있는 공간을 갖고 싶다. 나의 다양한 욕심쟁이 취향이 묻어나는 공간이면 좋겠다. 낮에는 갓 구운 빵과 쿠키가 나오고 잔잔한 음악이 흐르는 햇살 가득한 곳으로, 저녁엔 조금은 신나는 음악과 맥주를 부르는 음식이 있는 공간이었으면 좋겠다. 다양한 메뉴보다는 누구나 좋아할 만한 한두 가지의 음식을 차려놓고 많은 사람들을 내 공간으로 초대하고 싶다.

아침에는 원두를 볶고, 그날 사용할 식자재를 구입하고 일주일에 한 번은 꽃시장에 가서 테이블 위에 올라갈 꽃을 사오고, 한낮에는 도저히 달아서 다 못 먹을 셰이크를 만들어 누군가와 웃으며 나누고 싶다. 그리고 저녁에는 아침에 사온 아스파라거스와 닭고기로 건강하면서 감칠맛 나는 한 그릇의 식사를 만들어 시원한 생맥주를 곁들이고 싶다.

아침엔 재료를 사고, 낮에는 음료와 디저트를 만들고, 저녁엔 한 그릇의 맛있는 식사를 만들고 싶다면 엄청나게 과한 욕심인 걸까. 누군가는 비웃을지도 모르는 이야기이지만 나에게는 혼자 가끔씩 상상하며 배시시 웃을 수 있는 활력소가 되곤 한다.

그래서인지 가끔씩 우리 집은 마지스펍, 마지카페라는 이름으로 변신하곤 한다. 어떤 날은 핫케이크를 수십 장 구워 갓 내린 커피와 함께 먹으며 우리 집을 카페로 변신시키도 하고, 어떤 날은 타이 음식을 내 스타일로 만들어 시원한 술과 함께 친구들에게 대접하기도 한다. 그렇게 보내는 한낮 오후의 시간이 내게는 정말 행복한 순간이다.

조금은 지친 어느 주말, 친한 친구를 초대했다.

단 음식보다는 한 잔의 술을 더 좋아하는 친구에게 강렬한 단맛의 오레오 셰이크를 내밀었다.

"어때? 나 카페해도 되겠어?"라고 묻는 나의 말에 친구는 비웃었지만, 순식간에 컵을 깨끗하게 비운 친구를 보며 묘한 행복함을 느꼈다. 매일 똑같은 일상, 회사 생활이 지겹고 힘들 때도 있지만 그 언젠가의 마지스펍, 마지 식당을 꿈꾸며 가끔씩 친구들을 초대하는 요즘이 나는 참 즐겁다.

오레오 8개(6개는 가루용, 2개는 장식용) ● 바닐라아이스크림 300g ● 우유 300g ● 생크림

1 … 오레오는 크림을 제거한 뒤 잘게 부숴 가루 상태로 만든다.

2 … 바닐라아이스크림, 우유, 1의 오레오 가루를
미서에 넣고 함께 갈아준다.

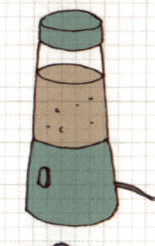

3 … 컵에 2를 7부 정도 담고 생크림을 올린 뒤
적당하게 부순 오레오를 올려 장식한다.

OREO SHAKE :

카오산의 맛
수박 주스

그냥 수박으로 만든 주스일 뿐인데
입안 가득 퍼지는 수박 향은
생과일의 그것보다도 달콤하다.

어느 여행지를 가든, 그곳의 대표 음식이 있고 그 음식은 다시 그 여행지를 찾게 하거나 다신 가지 않게 하는 중요한 요소가 된다. 나 역시 여행지에서의 음식이 입맛에 맞는지 안 맞는지를 굉장히 중요하게 여기는데 밍밍한 음식을 선호하지 않고, 회를 그렇게 좋아하는 편도 아닌 내게 일본은 여러 면에서 음식 궁합이 맞지 않는 나라였다. 반면 태국은 천생연분의 나라라고나 할까? 음식에 있어서만큼은 말이다.

제법 긴 6시간의 비행을 거쳐 도착한 방콕. 도착하자마자 공항에서 느껴지는 습한 공기는 그렇게 긍정적인 첫인상을 주진 못했다. 밤 10시경 호텔 체크인을 마치고 저녁을 먹으러 택시를 타고 카오산 로드로 향했다. 열려 있는 창문을 통해서 들어오는 이국적인 냄새와 공기를 통해 비로소 여행지에 와 있구나 하는 실감이 들었다. 그리고 도착한 카오산 로드.

전 세계 배낭여행자들의 도시라고 불리는 이곳에서 밤 11시는 모든 것이 깨어나는 시작의 시간이었다. 전 세계 다양한 인종들이 모여, 저마다 여행이 주는, 그리고 카오산 로드가 주는 자유를 만끽하며 여름밤을 보내고 있었다. 정신없이 보던 와중에 눈에 들어온 팟타이! 한국 돈으로 2,000원이면 먹을 수 있는 팟타이의 맛은 정말 꿀맛이었다. 적당하게 익은 면발과 감칠맛 나게 스며든 양념, 숙주, 땅콩 가루의 조화는 절로 맥주를 불렀고 나와 친구는 누가 먼저랄 것도 없이 다른 외국인들처럼 테라스가 있는 펍에 앉아 싱하 맥주와 팟타이를 먹었다. 피곤함도 잊고 즐거움 넘치는 마음으로 내가 놀러와 있구나, 하는 생각이 들던 그날 밤, 더 오래 놀고 싶었지만 다음 날부터 시작될 **빡빡한** 일정을 고려하여 아쉬움을 달래며 호텔로 돌아가려던 그 순간, 내 눈에 보인 **빨간 액체**, 땡모반이라고 불리는 태국식 수박 주스였다. 역시나 착한 가격에 냉큼 사서 사진을 찍고, 한 모금 들이키는 순간 깜짝 놀랐다. 그냥 수박으로 만든 주스일 뿐인데 정말 맛있어서 동공이 커지는 느낌이었다. 입안 가득 퍼지는 수박 향은 다음 날부터 시작될 본격적인 방콕 여행의 오프닝 같았다. 이 이국적이면서 맛있는 주스 하나로 나의 설렘은 배가 되었고, 다음 날부터 모든 식사 때마다 나는 땡모반을 주문했다. 수박 주스 없이는 똠양꿍도 팟타이도 먹지 않았다. 여행의 마지막 날 한국으로 오기 직전까지도 땡모반에 아낌없는 애정을 보였고, 나에겐 팟타이만큼 방콕을 대표하는 음식으로 자리 잡았다.

습한 날씨가 시작된 6월, 초여름.

방콕이 그립고 땡모반이 그립다. 별거 없던 그 주스 맛이 그리워 집에서 어설프게나마 흉내를 내보지만, 작년 여름 방콕에서 먹은 그 맛과는 아무래도 차이가 있다. 조만간 땡모반, 수박 주스가 먹고 싶어서라도 태국에 다시 가야겠다는 생각이 들었다.

| 수박 주스 : 2잔 분량 |

수박 ¼통 ● 탄산수 300g ● 시럽 또는 설탕 약간

1··· 수박을 잘게 썰어준다.

2··· 믹서에 수박과 탄산수를 넣고 취향에 맞게
설탕 또는 시럽을 넣은 뒤 갈아준다.

3··· 컵에 2의 주스를 담은 뒤
수박을 올려 장식한다.

커스터드 크림

앞에서 타르트 이야기를 했는데 타르트 하면 빼놓을 수 없는 게 바로 커스터드 크림이다. 크림치즈 필링부터 가나슈 필링, 아몬드 크림 등 타르트 종류에 따라 다양한 필링이 있지만 개인적으로 가장 좋아하는 필링은 커스터드 크림이다.

달걀의 고소함과 생크림이 어우러진 부드럽고 달콤한 맛이 바삭한 타르트와 참 잘 어울린다. 개인적으로 청포도가 올라간 커스터드 크림 타르트를 무척 좋아하는데, 상큼한 청포도의 과육과 달콤하면서 부드러운 커스터드 크림의 조화는 매우 훌륭하다. 조금씩 더워지는 5월의 말, 잘 익은 청포도와 부드러운 커스터드 크림이 가득한 타르트를 먹으며 시작하는 여름이 참 반갑다.

커스터드 크림

Custard cream

1··· 볼에 달걀과 설탕을 넣고 섞어준다.

2··· 1에 체에 친 옥수수 전분과
박력분을 넣고 섞는다.

3··· 2에 뜨거운 우유를 조금씩 부으며 천천히 저어준다.
4··· 3을 중약불에서 살짝 끓이다 거품이 생기면 불을 끈다.

가을

Autumn 1

너무나도 특별한 맛

당근 케이크

소박한 외모와 달리 한입 먹으면 입안 가득 퍼지는
특유의 달콤함이 당근 케이크의 매력이랄까.

5년 전 처음 그녀를 봤을 때, 그녀의 첫인상은 그리 좋지 못했다. 아니 정확히 말하면 위화감이 들어 친해지기 싫었다고나 할까. 168센티미터의 제법 큰 키에 하이힐을 신고, 미니스커트와 핫핑크 블라우스가 어울리는 검은색 긴 머리를 한 그녀였다. 눈꼬리가 살짝 올라간 큰 눈은 그녀를 더욱 예뻐 보이게 했지만 한편으로는 다른 이로부터의 접근을 막는 경계이기도 했다. 결론부터 말하자면 우리 사이에 흘렀던 경계심과 위화감은 불과 한 시간 만에 사라졌다. 지금은 내게 둘도 없는 소중한 친구이다.

사진 찍기라는 공통분모를 가지고 있던 우리는 급속도로 가까워졌다. 그녀는 나에게 필름 카메라 다루는 법을 가르쳐주었고, 그 이후 우리는 더 자주 사진을 찍으러 다녔다. 또한, 그녀와 나는 술자리에서 나누는 이야기를 좋아했으며 서로의 소소한 일상을 나누며 술잔을 기울인 시간도 쌓여갔다. 처음 간 부산 여행도 그녀와 함께였고, 지금은 없어서 못 먹지만 당시엔 먹기 꺼려했던 곱창도 그녀에게 배우게 되었다. 스물일곱 살에 만난 친구치고는 많은 것이 통했고 함께하는 시간은 언제나 즐거웠다. 그녀와 만날 때면 아직도 첫인상에 관한 이야기를 하며 웃곤 한다.

"너 처음 봤을 때 진짜 무서웠어."

"언니는 더 무서웠거든(그녀와 나는 한 살 차이)."

차가운 인상의 그녀는 누구보다 어른스러웠으며 가슴이 따뜻한 사람이었다. 그리고 넘치는 센스와 특유의 밝은 에너지로 그녀 주위에는 늘 많은 사람이 모였다. 그런 그녀의 생일이면 떠오르는 디저트가 있었으니 바로 당근 케이크이다.

당근을 그다지 좋아하지 않는 나에게 당근이 들어가는 케이크란 참으로 충격적이고 구미가 당기지 않는 디저트였다. 전혀 어울리지 않을 것 같은 조합의 케이크이지 않은가. 하지만 용기를 내서 먹어본 당근 케이크의 맛은 다른 의미에서 충격적이었다. 크림치즈가 층층이 프로스팅 된 촉촉한 시나몬 향의 케이크 시트라니!

내가 상상한 당근 맛 케이크와는 거리가 멀었다. 위화감 느껴지는 외모와는 달리 서글서글하고 편한 매력을 지닌 그녀와 당근 케이크는 무척 닮아 있었다. 보기와 달리 한입 먹으면 입안 가득 퍼지는 특유의 소박한 달콤함이 당근 케이크의 매력이랄까.

그래서인지 집에서 만들게 되면 크림치즈 프로스팅도 일부러 못생기게 발라 편하게 떠먹는다. 정신없이 먹다 보니 그녀가 떠오른다.

"너는 알까? 내가 처음 당근 케이크를 먹은 날도 너와 함께였단 걸."

| 당근 케이크 |

설탕 220g ● 달걀 150g ● 식물성기름 200g ● 중력분 255g ● 베이킹소다 4g ●
베이킹파우더 3g ● 시나몬파우더 2g ● 바닐라엑기스 1t ● 당근 200g ● 호두 100g
[프로스팅] 슈거파우더 200g ● 무염버터 40g ● 크림치즈 400g

1··· 달걀, 버터, 크림치즈 모두
     30분~1시간 정도 실온에 꺼내놓는다.

2··· 당근은 깨끗이 씻은 뒤 강판에 갈아
     물기를 제거하고 준비해둔다.

3··· 볼에 달걀을 풀고 설탕을 넣고
     밝은 색상을 띨 때까지 휘핑해준다.

4··· 3의 볼에 식물성기름을 세 번에 걸쳐 나눠 넣으며
     계속 휘핑해준다.

5··· 4에 바닐라엑기스를 넣고 마저 휘핑한다.

6··· 5에 체 친 중력분, 베이킹소다, 베이킹파우더,
     시나몬파우더를 넣어준다.

7··· 가루가 다 섞이면 당근과 호두를 넣고 잘 섞는다.

8··· 유산지를 깐 케이크 틀에 반죽을 붓고
     180도로 예열한 오븐에서 35~40분간 구워준다.

9··· 크림치즈와 버터를 잘 섞어준 뒤
     슈거파우더를 넣고 마저 섞는다.

10··· 구워진 케이크를 식힌 뒤 2~3등분하여
     9의 크림치즈 프로스팅을 발라준다.

무화과의 계절

무화과 잼과 타르트
그리고 스콘

무화과는 참으로 신선하고 매력적인 열매이다.
아무런 장식 없이도 무화과만으로 멋진 사진이 나오기 때문이다.

제철 과일이 있고, 그중에서도 대표 과일이 있다지만 계절 앞에 과일
이름을 붙일 수 있는 것은 많지 않다고 생각한다. 작년 겨울 무화과가
먹고 싶어 백화점 식품매장을 열심히 다녀봤지만, 쉽게 구할 수 없어 매
우 슬펐던 기억이 있다.

늦여름 8월부터 등장하고 깊어가는 가을 10월에 제일 맛있는 무화과.
무화과만의 계절이 있다고 말하고 싶다. 딸기만큼 이름이 잘 어울리고
예쁘기도 한 과일이다. 반 가르면 나오는 새빨간 속이 신비로운 느낌마
저 준다. 고혹적인 색감과 잠깐만 볼 수 있다는 점이 가을과 참 많이 닮
았다. 가을이 짧은 만큼 무화과도 짧게 느껴지니까.

요리를 만드는 것도 좋아하지만, 요리 사진 찍는 것을 좋아하는 내게
무화과는 참으로 신선하고 매력적인 존재였다. 아무런 장식 없이도 무화
과만으로 멋진 사진이 나오기 때문이다.

반을 가르고 한참을 쳐다보며 "엄마, 무화과는 여자 같아. 수줍어 보
이면서 신비로워 보여. 참 예쁘다 그치?"라고 엄마에게 말하니, 석류나
무화과나 그런 느낌이 난다고 대답해주신다.

가장 좋아하는 계절은 여름이다. 가을이 오면 슬퍼진다. 이제 곧 겨울
이 올 것을 알기에. 그런 슬픔 감정도 무화과에서 느껴진다면 난 지나치
게 감성적인 걸까. 하지만 분명한 것은 같은 빨간색 과일이어도 딸기가

주는 싱그럽고 활기찬 감성이 무화과에는 없다는 점이다. 이제 무화과가 들어가면 추운 겨울이 시작될 테니 가을 손님인 무화과가 마냥 반갑지만은 않다.

그래서인가. 딸기는 많이 먹어도 잼을 만들어놓진 않는다. 딸기가 들어가도 내가 좋아하는 젊음의 계절, 여름과 함께 달콤한 복숭아가 온다는 사실이 반가워서인지도 모른다.

그러던 어느 날 가을 무화과를 잔뜩 사서 타르트를 두 판이나 구워놓고, 잼까지 만들어놓는 나를 보며 순간 깜짝 놀랐다. 지난겨울 무화과를 만날 수 없었던 아쉬움의 흔적일 수도 있다.

무엇보다도 나의 서른한 번째 가을이 가고 있다는 사실을 붙잡고 싶은 것인지도 모른다. 나이를 먹는다는 사실이 두려운 게 아니다. 다시는 만나지 못할 이 가을과의 이별이 아쉽고 눈물이 날뿐.

서른 해 처음 먹어본 이 과일이 참으로 반갑고 슬프다.

| 무화과 타르트 |

[타르트 지] 72쪽 레시피 참고
[크림치즈 필링] 크림치즈 100g • 생크림 130g • 설탕 20g

1 ··· 차가운 버터를 깍뚝 썬다.

2 ··· 자른 버터와 체에 친 가루를 모두 섞은 뒤
손바닥으로 비벼 소보로 상태로 만든다.

3 ··· 2에 달걀을 넣고 잘 섞어준 뒤 뭉쳐서
1시간 정도 냉장고에 넣어둔다.

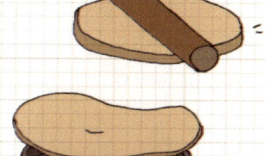

4 ··· 3을 꺼내 얇게 민 뒤 타르트 틀 위에 펴주고
포크로 구멍을 낸다.

5 ··· 4에 누름돌을 올린 뒤 175도로 예열한 오븐에서
30분가량 굽는다.

6 ··· 실온에 둔 크림치즈를 풀고 여기에
설탕 20g을 넣고 잘 섞는다.

7 ··· 생크림과 6의 크림치즈를 혼합한다.

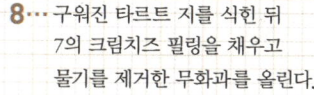

8 ··· 구워진 타르트 지를 식힌 뒤
7의 크림치즈 필링을 채우고
물기를 제거한 무화과를 올린다.

| 무화과 잼 |

무화과 9~10개(700g) ● 설탕 230g ● 레몬즙 1T

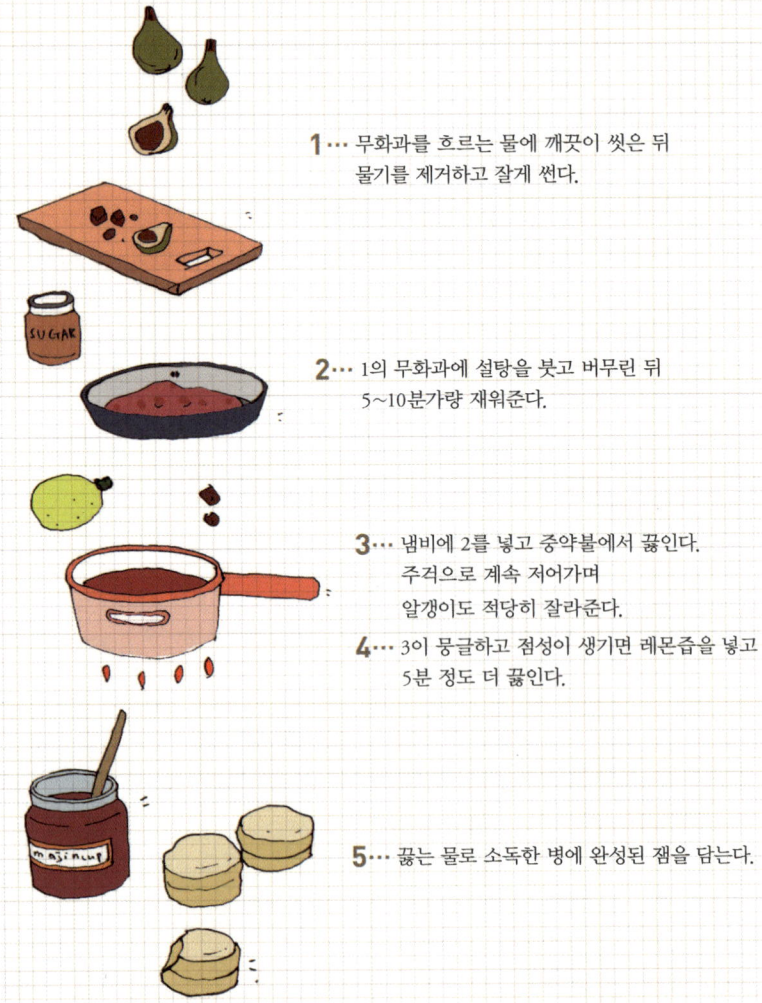

1··· 무화과를 흐르는 물에 깨끗이 씻은 뒤
물기를 제거하고 잘게 썬다.

2··· 1의 무화과에 설탕을 붓고 버무린 뒤
5~10분가량 재워준다.

3··· 냄비에 2를 넣고 중약불에서 끓인다.
주걱으로 계속 저어가며
알갱이도 적당히 잘라준다.

4··· 3이 뭉글하고 점성이 생기면 레몬즙을 넣고
5분 정도 더 끓인다.

5··· 끓는 물로 소독한 병에 완성된 잼을 담는다.

| 생크림 스콘 |

버터 50g ● 생크림 80g ● 박력분 200g ● 소금 1g ● 설탕 30g ●
바닐라엑기스 0.5T ● 베이킹파우더 4g

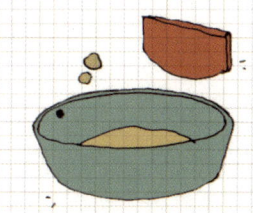

1··· 박력분은 두 번 체 친 뒤
설탕, 소금, 베이킹파우더와 섞어준다.

2··· 볼에 1의 가루를 넣고 버터를 함께 넣은 뒤
주걱으로 버터를 잘라가면서 섞어준다.

3··· 2를 손으로 살살살 비벼가며 소보로 상태로 만든다.

4··· 생크림과 바닐라엑기스를 3에 넣어준 뒤
하나로 뭉쳐 냉장고에 1시간 정도 넣어둔다.

5··· 4를 꺼내 납작하게 밀어준 뒤
세 겹으로 반죽을 접어준다.

6··· 둥근 틀 또는 칼로 먹기 좋게 잘라준다.

7··· 180도로 예열한 오븐에서 20분 정도 굽는다.
(굽기 전 반죽에 달걀물을 묻혀도 좋다.)

Autumn 3

못생겨서 더 맛있는
애플파이

시나몬파우더를 넉넉히 뿌려 만든 달콤한 사과 조림을
얇게 민 식빵에 넣어보자.
오븐에서 10분이면 멋진 디저트가 된다.

가을의 중심인 9월은 사과의 계절이다. 여름내 싱그러웠던 초록이 어느 틈엔가 노란빛을 띤 초록으로 변해가는 시기. 그렇게 가을의 서막을 알리는 추석이 다가오고, 사람들은 여름과 안녕할 준비를 할 틈도 없이 조금은 쌀쌀해진 날씨에 긴팔을 찾게 된다. 항상 추석을 앞둔 시간들은 정신없이 지나갔던 것 같다. 싱글이고, 제사를 지내는 집도 아닌데 왜 나에게 추석은 그렇게 바빴던 걸까. 추석 열차표 전쟁이라는 기사를 시작으로 그렇게 정신없는 명절이 다가오는 9월이 되면 엉겁결에 나도 덩달아 바빠지던 시기라고 말하고 싶다. 어딘지 마음이 허해지는 시기라고도 할 수 있는 초가을의 어느 날, 우연히 내게 온 반가운 손님이 있었으니, 그건 바로 콩알 사과다. 콩알 사과라는 종은 없는 걸로 안다. 유난히 빨갛고 작은 사과를 부르는 나만의 애칭이랄까.

가을을 머금은 빨간색이지만, 또래보다 작은 체구로 선택받지 못하고 우리 집까지 오게 된 작은 사과이다.

첫 번째는 친구에게 받은 것이었다. 내 주변 사람 중 가장 속이 깊고, 따뜻한 마음씨를 가진 그는 매주 그의 아파트에 오는 과일 파는 아저씨를 그냥 지나치지 못한다. 시세보다 훨씬 싸게 그리고 많이 주는 과일 트럭 아저씨가 바보 같다고 하면서 항상 아저씨의 남은 과일을 다 사버리는 진짜 바보인 친구이다. 추석을 앞두고 마트나 백화점에 나가는 알 굵은 사과는 없고 작고 볼품없는 사과를 팔고 있던 아저씨를 보자 몽땅 살수밖에 없었단다. 그렇게 콩알 사과는 내게도 왔다.

한입, 맛있다. 작지만 맛있다. 볼수록 귀엽다. 아마도 따뜻한 두 바보의 마음이 담겨서 그렇게 느꼈을지도.

두 번째는 엄마 지인게 받은 것이었다. 영주에서 과수원을 하시는 엄마의 지인이 명절을 앞두고 팔 수 없는 사과를 몽땅 보내주셨다. 볼품없는 외양이지만 일품의 맛을 가진 사과를.

크기도 색도 훌륭한 1등급 사과들은 일찌감치 선택받아 주인을 찾아 갔겠지만, 못생기고 작아서 우리 집에 오게 된 이 사과들도 어찌 보면 선택받은 존재라는 생각이 들었다. 오히려 따뜻한 이야기를 담고 있는 듯 보이기까지 한다.

콩알 사과는 더욱 맛있게 먹어야겠다는 생각이 들었다. 시나몬파우더를 넉넉히 뿌려 달콤한 사과 조림을 한 뒤 식빵에 넣어보자. 오븐에서 10분이면 과연 버려졌던 그 사과가 맞나 싶을 정도로 멋진 디저트가 된다.

| 애플파이 |

식빵 4장 ● 사과 1개 ● 시나몬파우더 1t ● 흑설탕 1T ● 달걀 1개 ● 버터 20g ● 슈거파우더

1 … 사과를 잘게 다져준다.

2 … 달군 팬에 버터를 녹이고
다진 사과를 볶다가 설탕을 넣고 졸인다.

3 … 2의 사과가 어느 정도 졸아지면
시나몬파우더를 넣고 잘 섞어준다.

4 … 식빵의 가장자리를 자르고 얇게 펴준다.

5 … 식빵 한쪽에 달걀물을 살짝 바른 뒤
3의 사과 조림을 올리고 식빵을 접는다.

6 … 식빵 가장자리를 포크로 눌러 봉해준다.

7 … 식빵의 윗면에 달걀물을 바른 뒤
170도로 예열한 오븐에서 10분간 굽는다.

8 … 잘 구워진 애플파이 위에 슈거파우더를 뿌려준다.

applepie

담백한 맛이 어울리는 계절

단호박 파운드케이크

소중한 사람과 계절이 주는 행복감을 느끼며
먹고 싶은 가을 디저트, 단호박 파운드케이크이다.

계절마다 어울리는 디저트가 있다. 봄에는 딸기가 들어간 디저트라면 무엇이든 맛있게 느껴진다. 특히 생크림이 들어간 케이크나 타르트는 늘 옳다. 여름엔 상큼한 청포도나 복숭아를 이용한 디저트의 맛이 참 좋게 느껴진다. 겨울은 초콜릿과 시나몬 향이 가득한 디저트가 맛있는 온기를 주곤 한다. 그렇다면 가을은 어떤 디저트가 어울릴까.

맛있게 졸인 가을 사과로 만든 애플파이나 토스트도 꿀맛이겠고, 홍차 향이 가득한 얼그레이 쿠키도 좋겠다. 그중에서도 이 가을, 추천하고 싶은 디저트 아이템이 있다면 바로 단호박이다.

노랗게 익어 속이 꽉 찬 단호박을 쪄서 만든 파운드케이크는 우리 가족이 매우 좋아하는 디저트 중에 하나이다. 시중에서는 좀처럼 보기 힘든 메뉴이니만큼, 이럴 때일수록 홈메이드 베이킹의 장점이 빛을 발한다고나 할까? 쌀쌀해진 날씨에 따뜻한 차 한 잔에 곁들이는 단호박 파운드케이크의 맛은 그야말로 행복 그 자체이다.

어린 시절 밤 식빵을 처음 접했을 때, 그 달콤함에 행복했던 기억이 난다. 달콤하고 부드러운 맛도 맛이지만, 빵 안 가득 들어 있는 밤 알갱이에 감탄했던 기억이 크다. 식빵이라면 으레 아무것도 들지 않은 빵이라 생각했는데 달콤한 알갱이가 푸짐하게 들어 있는 빵은 맛있는 충격이었다.

그리고 취미로 베이킹을 시작한 이후, 내가 만든 디저트의 가장 큰 장점이자 소신(?)은 재료를 아끼지 않는 것이었다. 신선한 제철 과일과 채소를 듬뿍 사용해서 달콤하면서 건강한 디저트 시간을 갖는 것이다. 그냥 먹어도 맛있는 단호박이나 고구마를 찌거나 설탕에 졸여서 반죽에 가득 넣고 구울 때, 홈메이드 베이킹의 장점과 계절이 주는 행복을 느낄 수 있다. 반죽의 절반에 가까운 단호박이 들어갔기에 조금은 보슬보슬하고 건강한 맛이지만, 가을과 참으로 어울리는 디저트란 생각이 든다. 건강한 식자재가 많이 들어갔기에 누군가에게 선물하고 권하기에도 부담이 없다.

　단호박 파운드케이크의 담백한 맛이 좋아 자꾸만 먹고 싶어진다고 말해준 친구가 있다. 달콤한 케이크를 좋아하지 않는 그녀의 입에서 나온 말이기에 가끔 담백한 무언가가 먹고 싶을 때마다 생각난다. 노랗게 물든 은행나무만큼 노랗게 익은 케이크 또한 가을이 주는 행복한 시간이 아닐까 싶다.

　소중한 사람과 계절이 주는 행복감을 느끼며 먹고 싶은 가을 디저트, 단호박 파운드케이크이다.

| 단호박 파운드케이크 |

박력분 160g ● 버터 130g ● 설탕 100g ● 소금 1g ● 달걀 2개 ● 단호박 130g ● 베이킹파우더 8g

1··· 실온에 둔 버터를 녹인 뒤 설탕을 넣고
설탕이 녹을 때까지 휘핑해준다.

2··· 1에 달걀노른자를 먼저 넣고 잘 섞어준 뒤
달걀흰자를 두세 번에 나누어 휘핑한다.

3··· 단호박 50g은 잘게 썰어주고,
80g은 보슬보슬할 정도로 익힌 뒤 으깨준다.

4··· 2에 체에 친 박력분과 베이킹파우더, 소금을 넣고
잘 섞어준다.

5··· 4에 으깨서 식힌 단호박과
잘게 썬 단호박을 모두 넣고 잘 섞어준다.

6··· 파운드 틀에 녹인 버터를 살짝 발라준 뒤
5의 반죽을 넣고 가운데 칼집을 내준다.

7··· 170도로 예열한 오븐에서 35~40분간 구우면 완성.

Autumn 5

모카 파운드케이크

우리의 조찰은 완벽해

인스턴트커피를 반죽에 섞은 뒤
구워주기만 하면 되는 초간단 모카 파운드케이크.
음식의 궁합 중에 밀가루와 커피만큼
다양한 맛과 행복을 내는 조합도 없을 것 같다.

　음식마다 궁합이라는 게 있다. 치맥이라는 고유명사(?)가 있을 정도로
치킨과 맥주는 환상의 짝꿍이다. 여러 가지 예가 있는데 라면과 김밥,
삼겹살에 소주, 달걀말이와 케첩 등이 있다. 건강에는 어떨지 몰라도 먹
고 있으면 반드시 찾게 되는 음식 간의 궁합. 그중에서도 내가 매우 사
랑하는 조합이 있으니 빵과 커피이다. 커피 없이 빵을 그냥 먹는다는 건
상상할 수 없을 정도로 빵과 커피의 조합은 훌륭하다. 따끈하게 구워진
크루아상에 아무것도 바르지 않고 쌉쌀한 아메리카노와 먹는 순간의 행
복은 주말 아침 늦잠을 자고 일어났을 때의 행복과 닮아 있다. 따뜻하게
구운 토스트에 달걀프라이와 햄을 올린 뒤 케첩과 설탕을 뿌려먹는 엄
마표 토스트를 먹을 때 함께 마시는 달달한 인스턴트커피는 추운 겨울
아침도 두렵지 않을 만큼 든든하다. 빵과 우유도 잘 어울리지만, 어른이
된 뒤로는 늘 커피와 함께했던 것 같다. 함께 먹어도 맛있지만, 커피가
들어간 빵 또한 풍미가 참 좋다.
　10년 전엔 모카 빵 맛에 빠져서 커다란 모카 빵을 하루에 하나씩, 몇
달 동안 먹었다가 체중이 10킬로그램 가깝게 늘어난 적이 있다. 살이 찌
고 있다는 것을 인지하면서도 계속 먹게 되는 마성의 모카 빵이었다. 모
카 빵이 구워질 때 풍기는 특유의 단 향기는 매일 제과점에 출근 도장을
찍게 했었다. 요즘은 인기가 시들해진 추억의 모카 빵이지만, 그 시절 그

향기는 아직도 기억에 남는다.

그 향기가 그리운 오늘, 조금은 특별한 나만의 모카 빵을 만들어보았다. 달아서 자주 먹지 않는 인스턴트커피를 반죽에 섞은 뒤 구워주기만 하면 되는 초간단 모카 파운드케이크.

굽는 동안 그 시절의 모카 빵만큼은 아니지만, 맛있는 냄새가 집안 가득 퍼졌다. 같은 레시피는 아니더라도, 특유의 맛있는 냄새로 행복을 느끼게 되는 것이 바로 베이킹의 매력이 아닐까 싶은 생각도 든다. 언제 먹어도, 언제 만들어도 꽤 그럴싸한 맛이 나는 이유는 커피 덕분이 아닐까.

음식의 궁합 중에 밀가루와 커피만큼 다양한 맛과 행복을 내는 조합도 없을 것 같다. 단순히 케이크를 구운 것뿐이지만, 누군가에게 늘 이런 행복한 기운을 불어넣어주는 사람이 되고 싶다는 욕심이 생긴다. 케이크가 구워지길 기다리는 35분 동안!

| 모카 파운드케이크 |

박력분 160g ● 생크림 120g ● 카놀라유 30g ● 달걀 2개 ● 인스턴트커피 믹스 2개 ●
설탕 120g ● 아몬드 슬라이스 30g ● 베이킹파우더 8g

1 ··· 볼에 생크림과 설탕, 카놀라유를 넣고
설탕이 녹을 정도로 섞어준다.

2 ··· 1에 달걀을 넣고 섞는다.

3 ··· 뜨거운 물 30ml에 커피믹스를 녹인 뒤
2에 부어 잘 섞는다.

4 ··· 체에 친 박력분과 베이킹파우더를 3에 넣어 잘 섞어준다.

5 ··· 파운드 틀 안쪽 면에 카놀라유를 살짝 바른 뒤
4의 반죽을 붓고 윗면에 아몬드 슬라이스를 뿌려준다.

6 ··· 170도로 예열한 오븐에서 35~40분간 구워준다.

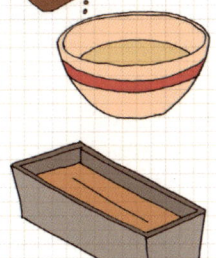

스물일곱 가을의 기억

인절미 토스트

그곳에서 처음 먹은 인절미 토스트는
요즘 유행하는 유명 카페의 인절미 토스트보다 맛있었다.
나의 아름다운 스물일곱의 가을과 맞물려 있어서겠지.

나는 보통 사람들보다 취미가 꽤 많은 편이다. 「응답하라 1997」과 「응답하라 1994」를 본방사수 할 만큼 중고등학교 학창 시절에는 많은 아이돌들을 성실히 좋아하는 취미(?)가 있었으며, 대학교에 들어가서는 다이어트라는 목표 하에 운동을 취미로 삼았다. 그러면서 동대문 액세서리 종합상가에 드나드는 취미가 생겼고, 액세서리를 만들기 시작했으며 대학 졸업쯤엔 가구 리폼에 빠져 있었다. 어린 시절엔 HOT의 브로마이드와 테이프, 잡지 들이 방을 가득 채우고 있었고, 대학 시절엔 각종 공구와 러닝머신 등이 자리 잡고 있었다. 늘 집을 어지럽힌다는 엄마의 잔소리는 듣는 둥 마는 둥 나의 취미질은 계속되었다. 그리고 스물일곱쯤엔 뜨개질과 카페 놀이에 빠지게 되었다. 손뜨개 인형 만들기에 빠져 방을 털실로 채우기도 했는데, 그 옆엔 항상 디지털카메라가 있었다. 돈을 벌기 시작한 후 바로 구입했던 나의 보급형 디지털카메라는 언제나 나의 취미와 함께했다.

카페에 가서 커피를 마시며 뜨개질을 하는 여성스럽고 아기자기한 취미에 빠져 반년을 넘게 인형을 만들어댔고(그때부터 우리 집에는 손뜨개 인형이 많다), 새로운 카페를 찾아다니는 취미도 뜨개질과 함께 계속되었다. 그리고 본격적으로 야구 보기에 빠지게 되었고, 야구장 가기도 나의 취미 리스트에 추가되었다. 그러다가 요리에도 취미를 가지게 되었다. 현재 나의 취미는 참 많다. 나열한 것 외에도 주변에서 놀랄 정도로 취미가 많아 "너는 심심하진 않겠다"라는 소리를 듣곤 한다. 관심사가 많고 즐기는 삶이 좋다. 시간을 쪼개 쓰고, 좋은 기억으로 남는 시간들이 좋을 뿐이다.

은행잎이 길 가득 떨어지고, 울긋불긋한 단풍이 거리를 채울 시기가 되면 처음 뜨개질과 카페 놀이에 빠졌던 그때가 생각난다. 6년 전의 나는 포근하고 고운 털실을 열심히 만지고 있었고, 은행잎이 낭만적으로 떨어지는 삼청동 어느 길을 걷고 있었다. 시간은 흘렀고, 계절은 수십 번 바뀌었지만, 그날의 나는 지금도 생생하다. 여전히 나는 취미생활을 즐기며, 서울을 산책하고 있으며 늘 여행하듯 살고 있다. 그 시절을 떠올리면 생각나는 여러 카페가 있는데, 지금도 영업 중인지 모르겠지만, 삼청동 특유의 낭만을 간직한 카페 '소원'이 유독 생각난다. 그곳에서 처음 먹은 인절미 토스트는 요즘 유행하는 유명 카페의 인절미 토스트보다 맛있었다. 그리고 오랜만에 당시에 찍은 사진을 꺼내 보았고 잠시 추억에 잠겼다.

나의 아름다운 스물일곱의 가을과 맞물려 있어서겠지. 가을의 끝자락, 그때 먹은 토스트가 문득 먹고 싶어진다.

| 인절미 토스트 |

식빵 2장 ● 인절미 6~8개 ● 아몬드 슬라이스 20g ● 꿀 2.5T ● 콩가루 2T

1… 식빵을 팬에 살짝 구워준다.

2… 1의 식빵 위에
인절미를 나란히 올린 뒤
꿀을 뿌리고
나머지 식빵 한 장으로 덮어준다.

3… 2의 식빵을 전자레인지에서 1분간 돌려준다.

4… 식빵 위에 콩가루와
아몬드 슬라이스를 뿌려준다.

위로의 한마디

블루베리 크럼블케이크

온기 가득한 블루베리 크럼블케이크는 큰 위로이자,
내 어깨의 무거운 짐을 털어버리고
홀가분하게 시작하게 하는 원동력이 된다.

　　아침에 눈을 뜨면 침대가 날 잡고 있는 것처럼 몸이 무거운 날이 있다. 슬럼프가 찾아온 날이다. 주말이라 다행일 정도로 피로와 스트레스가 극에 달한 그런 날. 어느 때부턴가 금요일 밤도 그리 신나지 않을 정도로 삶이 무료하고 지루하게 반복되는 느낌이 들었다. 습관처럼 찾아오는 울증이다. 물론 여전히 주말이면 느긋하게 모닝커피를 마시며 평소에 함께 하지 못하는 강아지들과 회포를 풀며 행복해하지만, 그것도 잠시뿐. 울증이 찾아올 때면 몸도 마음도 물속에 가라앉은 듯하다. 그런 날은 반갑다고 달려드는 강아지도 귀찮고 정말 손 하나 까딱하기 싫어진다. 누군가는 일이 있다는 것에 감사하라는 말을 하지만, 사람이기에 매일 반복되는 일상이 지겨워지기도 한다. 취미가 많아 나의 시간을 알차게 보내는 편이지만, 그래도 가끔 찾아오는 슬럼프에는 모든 게 무기력해진다. 그런 나의 무기력함과 슬픔을 알아채는 사람은 가족이나 남자친구가 아닌 나의 직장 동료이다. 직장 생활에는 최대한 감정을 싣지 말고 객관적으로 생각하라는 조언을 해준 선배도 있었지만, 노력해도 안 될 때가 아직은 많다. 타고난 성격과 살아온 삶이 있는데 순식간에 성격을 고친다는 건 쉬운 일이 아니다. 슬럼프가 찾아오고 나의 어두운 표정을 눈치챈 동료들은 출근길에 연락을 보낸다, 커피 한잔하자고.

　　그리고 내게 갓 구워 나온 따뜻한 케이크와 진한 커피 한 잔을 건넨

다. 어제부터 표정이 안 좋아 보인다고, 많이 힘드냐고 묻는다. 나이가 들수록 점점 사람에게 정 주는 게 무서워지고, 나를 방어하며 살게 된다. 직장은 특히 더 그런 곳이라 느낀 나에게 그녀의 따뜻한 말 한마디는 나를 무방비하게 만들어버린다. 치열한 하루를 앞두고 경직된 나의 어깨를 풀어주고 닫혀 있던 마음도 열어준다. 어쩌면 나의 24시간 중 가장 많은 시간을 하는 동료들.

모두가 친할 수는 없지만, 그래도 힘들어하는 나를 알아봐주는 동료가 한두 명이라도 있다면, 참으로 행복한 사람이라는 생각이 들었다. 어찌 보면 외로운 전쟁터 같은 공간에서 만나 따뜻한 위로를 건네주는 이들은 오랜 친구만큼은 아니더라도, 지금 나에게 없어서는 안 될 소중한 존재들이다.

그녀가 건넨 온기 가득한 블루베리 크럼블케이크는 큰 위로가 되었고, 내 어깨의 무거운 짐을 털어버리고 홀가분하게 시작할 수 있게 했다. 다르게 살아왔고, 만난 지 얼마 안 된 사람들이고, 그들 또한 나를 그렇게 생각할지는 모르겠지만, 나에겐 이미 친구가 되었다. 나의 일상에 소중한 온기가 되어주는 이들이 있어 그래도 회사 생활이 즐겁다.

| 블루베리 크럼블케이크 |

[크럼블] 중력분 50g ● 흑설탕 30g ● 황설탕 50g ● 시나몬파우더 1t ● 차가운 버터 50g

[반죽] 중력분 180g ● 아몬드 가루 30g ● 버터 100g ● 설탕 90g ● 달걀 2개 ●
바닐라에센스 0.5t ● 베이킹파우더 8g ● 소금 1g ● 냉동 블루베리 100g

1 … 볼에 중력분, 설탕, 시나몬파우더, 차가운 버터를 넣고
살살 비비면서 몽글몽글한 덩어리가 생기도록 만들어준다.

Crumble :

2 … 실온에 둔 버터를 풀어준 뒤 설탕을 넣고
설탕이 녹을 때까지 휘핑한다.

3 … 실온에 둔 달걀을 2의 볼에
두세 번에 나누어 넣고 휘핑한다.

4 … 3에 체에 친 중력분, 베이킹파우더,
소금과 바닐라에센스를 넣고 마저 섞어준다.

5 … 밀가루 10g과 냉동 블루베리를 봉지에 넣고
잘 섞어준 뒤 4의 반죽에 붓고 잘 섞는다.

6 … 팬에 유산지를 깔고 5의 반죽을 평평하게 담은 뒤,
1의 크럼블을 올려준다.

7 … 170도로 예열한 오븐에서 30~35분간 구워준다.

Autumn 8

냉장고 속 땅콩버터 이야기

땅콩버터 쿠키

입안 가득 행복했던 기억이 조금씩 몰려오기 시작했다.
이렇게 땅콩버터 한 스푼으로도
미소가 지어질 수 있구나 하는 생각이 들었다.

생각해보면 어린 시절에는 참 맛있는 음식이 많았다. 수업이 끝난 뒤 사 먹는 초록색 알록달록 접시에 담긴 학교 앞 분식집 떡볶이는 최고였다. 생일날마다 먹은 기억이 나는, 지금은 구하기 힘든 존재가 되어버린 동네 빵집의 버터크림 케이크도 꿀맛이었다. 영양가라곤 찾아볼 수 없는 밀가루 떡볶이는 아홉 살 어린이에게 삶의 원동력이었으며, 건강에 나쁜 유사 버터로 범벅된 유통기한 불명의 케이크는 언제나 여동생과 전쟁의 시발점이 되었다. 지금 생각해보면 소박한 음식들인데 어린 시절에는 정말 맛있어서 행복한 미소가 절로 나오곤 했던 기억이 난다.

『친구의 식탁』에도 나오는 이야기이지만, 처음 먹어본 음식에 대한 긍정적인 기억은 참 오래간다.

나이가 들어 더 이상 구미가 당기진 않더라도 그 당시의 냄새와 기억은 머릿속에 계속 남아 있다. 그것이 음식의 힘이라 생각한다. 어린 시절 나에게 또 한 번의 충격을 준 맛이 있었으니 바로 땅콩버터이다. 땅콩버터라 불리는 이 무시무시한 음식을 처음 먹어본 순간을 잊지 못한다. 한 번 뚜껑을 열면 마구 먹게 되는 마성의 땅콩버터는 지금 나의 기본 몸집을 세팅하게 만든 장본인이라 해도 과언이 아니다. 그 어린 나이에도 그걸 마구 먹으면 애니메이션에 나오는 뚱뚱한 주인공처럼 될 거라 생각해 나름 자제하며 냉장고를 열던 기억이 난다. 엄마한테 꾸중을 들어가면서도 끝까지 먹는 것에 대한 열망을 놓치지 않았던 그 시절, 땅콩버터 하나만 있어도 세상이 참 행복했다.

지금, 이 시간 나에게 그런 행복을 주는 존재로는 어떤 것이 있을까.

정신없이 업무를 마치고 마시는 맥주 한 잔, 추운 겨울 호호 불어가며 먹는 중국식 샤브샤브, 미운 사람 욕해가며 질근질근 씹는 곱창까지 다양하다. 그렇지만 유년 시절의 음식들과는 많이 달라졌다. 예전의 그 음식들은 여전히 맛있지만, 그 시절 그 맛이 나지 않는 것은 혀로 느끼는 맛 외에도 너무 다양한 인생의 맛을 알게 되어서겠지.

조금은 피곤하게 눈을 뜬 토요일 아침, 냉장고 문을 여니 땅콩버터가 보인다. 문득 어린 시절 생각이 나서 숟가락을 들고 한입 먹어보았다. 나도 모르게 나온 한마디.

오, 맛있어!

어린 시절 그 맛은 아니지만, 나의 심신이 지쳐 있을 때여서 그랬을까. 그 시절 입안 가득 행복했던 기억이 조금씩 몰려오기 시작했다. 소박하고, 별거 없다지만, 이렇게 땅콩버터 한 스푼으로도 미소가 지어질 수 있구나 하는 생각이 들었다. 어린 시절처럼 마구 먹을 수는 없었지만, 요즘은 가끔 생각나는 맛이다.

| 땅콩버터 쿠키 |

박력분 180g ● 땅콩버터 100g ● 카놀라유 50g ● 설탕 50g ● 달걀 1개 ●
우유 30g ● 다진 땅콩 30g ● 베이킹파우더 4g

1··· 실온에 둔 땅콩버터와 우유, 설탕, 카놀라유를 모두
볼에 담고, 설탕이 녹을 때까지 저어준다.

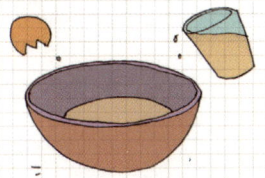

2··· 1에 달걀을 넣고 잘 섞는다.

3··· 체에 친 박력분과 베이킹파우더를 2와 함께 섞어준다.

4··· 3에 다진 땅콩을 넣은 뒤 적당한 크기로
둥글납작하게 모양을 잡아준다.

5··· 180도로 예열한 오븐에서 15분~20분가량 구워준다.

기다리는 시간이 주는 설렘

초콜릿타르트

초콜릿타르트는 누군가와 함께 먹을 때도 맛있지만,
보고 싶은 마음을 한껏 담아
누군가를 기다리며 먹는 맛은 더 좋다.

모든 행복과 환희의 순간은 기다림이 있기에 값진 것이라는 생각이 든다. 노력과 기다림의 시간 없이 찾아오는 행복을 진정 행복하다고 느낄 수 있을까. 사랑하는 연인과의 만남을 기다리며 카페에 앉아 커피를 마시는 순간도 행복하고, 여행을 앞두고 기다리는 시간 또한 행복하다.

행복에도 여러 종류가 있듯이 기다림에도 종류가 있다. 사랑을 이루기 위한 기다림이 있는가 하면, 휴가를 기다리거나 월급날을 기다리는 것도 있다. 그리고 맛있는 타르트가 구워지길 기다리는 시간도 있다.

사랑하는 연인과의 데이트를 기다리며 머릿속으로 그 또는 그녀와 무엇을 할까 그리는 시간은 참 행복하다. 폭풍 야근을 하며 업무를 하면서도, 달력 속 디데이를 매일매일 체크해가며 떠나는 동남아 여행의 기다림도 설렘 그 자체이다. 설마 실패하지 않겠지 조마조마 하며 오븐 앞에서 어슬렁대는 베이킹의 시간도 아는 사람만 아는 즐거운 기다림이다.

정말 보고 싶었던 친구를 만나게 되었던 지난겨울의 어느 날이었다. 약속 장소에 조금 이르게 도착했지만 친구는 차가 밀려 조금 늦는다는 말을 전해왔다. 생각보다 오래 걸릴 것 같다는 그녀의 이야기를 듣고, 자연스럽게 쇼케이스 앞으로 걸어갔다. 그녀를 기다리는 동안 달콤한 타르트를 먹으며 기다려야겠다는 생각이 들었기 때문이다. 5년 전에도 그녀와 처음 왔던 타르트 전문점이었고 좋은 기억만 있던 곳이라, 만남의 장소로 선택되었다. 5년이 지났음에도 그때 그녀와 먹었던 초콜릿타르트가 눈에 띄어 주저 없이 선택했다. 진득한 가나슈와 아메리카노를 곁들이며 그녀를 기다렸다. 카페에 울려 퍼지는 캐럴 덕분에 그녀를 기다리는 시간이 더욱 달콤하고 행복하게 느껴졌다.

초콜릿을 좋아하지 않지만, 그 순간만큼은 기다림을 행복하게 만들어주었다. 그녀를 만난다는 생각에 기쁨은 점점 커져갔고, 입안 가득 초콜릿 향도 퍼져갔다.

저 멀리 친구가 보였다. 초콜릿타르트는 처음 그녀와 먹을 때도 맛있었지만, 보고 싶은 마음이 커진 지금, 그녀를 기다리며 먹는 맛은 더 좋았다. 기다림 뒤의 행복을 예상하고 있었기에 더 맛있게 느껴진 게 아닌가 싶다.

기다리는 시간이 주는 설렘을 더 크게 만들어주었던 초콜릿타르트였다.

| 초콜릿타르트 |

[타르트 지] 72쪽 레시피 참고
[가나슈 필링] 다크 커버처 초콜릿 200g ● 생크림 150g ● 버터 20g ● 물엿 15ml

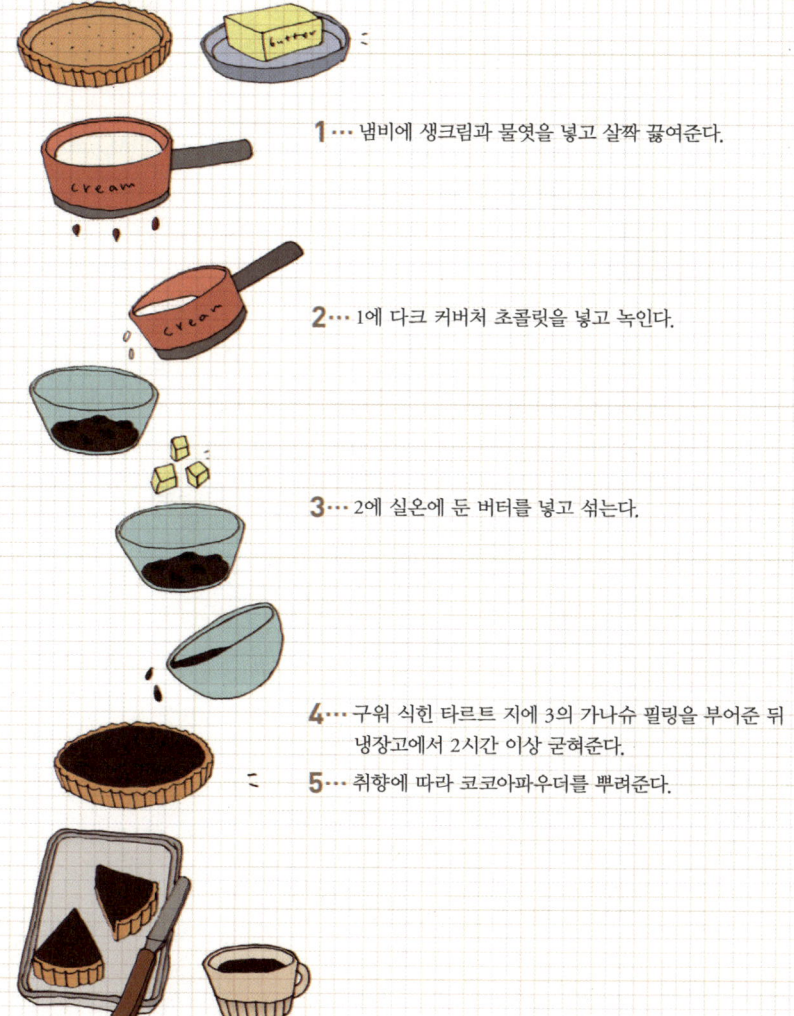

1··· 냄비에 생크림과 물엿을 넣고 살짝 끓여준다.

2··· 1에 다크 커버처 초콜릿을 넣고 녹인다.

3··· 2에 실온에 둔 버터를 넣고 섞는다.

4··· 구워 식힌 타르트 지에 3의 가나슈 필링을 부어준 뒤
     냉장고에서 2시간 이상 굳혀준다.
5··· 취향에 따라 코코아파우더를 뿌려준다.

늘 하던 것일수록 특별하게

땅콩버터 초코머핀

무슨 빵 하나 만드는 데 거창한 인생의 교훈이냐고 말할 수도 있지만,
고작 이 빵 하나 만드는 데도 이런 정성이 필요하다.

베이킹을 하면서 때론 인생의 교훈(?)을 얻을 때가 있다. 수백 번을 넘게 밀가루를 계량하고 버터를 풀고 오븐에 구워냈지만, 여전히 실패할 때가 있다. 크게 두 가지 상황이 있는데, 먼저 늘 만들던 것이라고 아무 생각 없이 습관적으로 만드는 경우 종종 실패하곤 한다. 계량하고 반죽을 만드는 과정에서 익숙함을 핑계로 집중하지 않고 만들면 그날은 꼭 한 가지씩 실수를 하는 것이다. 실온에 한 시간 이상 보관했어야 할 달걀을 냉장고에서 바로 꺼내 그냥 풀어버린다거나, 베이킹파우더 혹은 바닐라에센스를 넣어야 하는데 아무 생각 없이 그냥 구워버리는 경우다. 또 한 가지 실수는 역시나 비슷한데, 늘 굽던 케이크라고 쉽게 생각하다가 온도 조절에 실패할 때다. 베이킹하면서 가장 좌절할 때가 다 익은 줄 알고 꺼냈다가 반죽이 덜 익은 부분을 발견할 때다. 그땐 정말 다리에 힘이 쭉 빠진다. 분명히 젓가락으로 찔렀을 때 반죽이 묻어나지 않았는데 어찌된 일인지 덜 익은 곳이 있다.

위의 두 가지 상황이 주는 교훈은 늘 하던 것일수록 집중해서 신중히 보라는 것이다. 무슨 빵 하나 만드는 데 거창한 인생의 교훈이냐고 말할 수도 있지만, 고작 이 빵 하나 만드는 데도 이런 정성이 필요하다. 빵 하나에도 이런 것들이 필요하니 인생은 말할 것도 없다.

늘 하던 것이더라도, 성실하게 하고 정성을 다해 지켜보는 것.

베이킹에서 얻을 수 있는 삶의 지혜이자 교훈이 바로 이런 것이라는 생각이 든다. 멋지게 부풀고 잘 익은 케이크를 식히며 뿌듯함을 느낄 때 행복하듯이 우리의 삶도 정성이 있으면 아름다워진다. 그 행복함은 다른 무엇과도 비교할 수 없다.

그래서인지 케이크를 굽기 전에는 늘 설레는 긴장감을 갖고 시작한다. 언제 어떻게 될지 모르기에. 우리 삶도 마찬가지겠지. 설레는 긴장감을 갖고 집중하는 순간 더 멋진 세계가 열릴 것만 같다.

땅콩버터라는 쉽고도 근사한 재료는 케이크 맛을 쉽고 간단하게 한층 더 상승시켜준다. 쿠키나 케이크 어디에든 고소한 풍미를 더해주니 말이다.

그렇지만 나의 일상 같은 익숙한 일이라도, 참 쉬운 땅콩버터 머핀이라도 늘 특별한 것처럼 살피고 어루만져야 실패가 없다.

| 땅콩버터 초코머핀 |

박력분 120g ● 버터 60g ● 땅콩버터 60g ● 설탕 40g ● 초콜릿 칩 30g ●
베이킹파우더 4g ● 달걀 1개 ● 우유 50g

1··· 미리 실온에 꺼내둔 버터와 땅콩버터를 볼에 담고
크림의 질감을 낼 때까지 잘 섞어준다.

2··· 1에 설탕을 넣고 섞다가 서걱거림이 없어지면
풀어놓은 달걀을 두세 번에 걸쳐 넣고 섞는다.

3··· 체 친 박력분과 베이킹파우더를 넣고
가루가 반 정도만 섞일 정도로 가볍게
저어준다.

4··· 우유를 넣고 섞어준 뒤
다진 초콜릿 칩을 넣고 고루 섞는다.

5··· 반죽을 머핀 틀에 80퍼센트가량 채우고
바닥에 탕탕 쳐서 표면을 고르게 한 뒤
180도로 예열한 오븐에서 25분간 구워준다.

peanut butter
chocolate
muffin

THANKS

Autumn 11

엄마의 손맛

구운 도넛

반죽이 보슬보슬하게 잘 구워진 도넛을
제일 먼저 엄마에게 드렸다.
"어때? 엄마가 20년 전에 해준 것보다 맛있지?"
농담 섞인 말을 건네면서.

　우리 엄마의 손맛은 가히 일품이다. 엄마의 음식 솜씨는 주변에서도 칭찬이 자자할 만큼 뛰어났고, 과장 조금 보태서 우리 동네 명물이라 해도 손색이 없을 정도다. 밑도 끝도 없이 요리에 대한 열망을 꿈꾸게 된 건 어쩌면 엄마 때문인지도 모르겠다. 하지만 어른이 되어 웬만큼 맛에 대해 알기 전까지는 누구나 우리 엄마만큼의 맛을 낼 수 있다고 생각했다. 그래서 자기 엄마의 음식 솜씨가 별로라고 말하는 친구들을 볼 때마다 믿을 수가 없었다.

　하지만 손맛 좋은 엄마도 영 자신 없어 했던 메뉴가 있다. 요리 솜씨로는 자타가 공인하는 엄마가 난색을 표하던 음식은 도넛이었다. 그저 그런 음식 솜씨를 가진 딸도 지금 이렇게 요리책을 쓰고 있는데 요리 장인 엄마가 도넛 하나에 쩔쩔매다니, 지금 생각해봐도 아이러니하다.

　엄마는 손도 커서 어떤 음식이든 한 솥 단위로 만들었다. 엄마의 유일한 약점으로 기억되는 도넛 역시 무슨 장사라도 할 것처럼 어마어마한 양을 만드셨는데, 동생과 나는 한 개만 먹고 그대로 내려놓을 수밖에 없었다.

　"오늘은 엄마가 도넛을 만들어줄게"라며 아침부터 우리의 기대를 높여놓은 엄마가 만들어주신 도넛은 딱딱하고 시커멓게 타버린 동그란 밀가루 덩어리였다. 지금이라면 맛이 없어도 "그럭저럭 먹을 만해"라며 먹는 시늉이라도 했을 테지만, 어린 나는 겨우 한입 베어 물고 그대로 도넛을 내려놓고 말았다.

엄마는 그 뒤로 단 한 번도 우리에게 밀가루가 들어간 디저트를 만들어주지 않으셨다. 도넛은 발효 과정과 온도만 잘 맞추면 참 쉬운 디저트이지만, 나에게도 엄마의 트라우마가 전해진 것일까. 튀기는 과정에서 실패하지나 않을까 하는 두려움에서인지 나도 모르게 도넛을 구우려고만 했다. 반죽이 보슬보슬하게 잘 구워진 도넛을 제일 먼저 엄마에게 드렸다. "어때? 엄마가 20년 전에 해준 것보다 맛있지?" 농담 섞인 말을 건네면서.

엄마는 구운 도넛을 맛있게 드셨다. 딸과 엄마는 서로에게 둘도 없는 가장 가까운 친구이다. 엄마에게 요리를 배우고 싶지만, 엄마의 눈대중 레시피를 따라하려면 아직 더 많은 시간이 필요할 것 같다. 세월이 지나나 역시 요리를 하고 케이크를 굽지만 아직까지 엄마의 실력에 반도 못 미친다는 생각이 든다. 진정한 실력은 사랑하는 가족들을 위해 오랜 세월 만들고 굽는 과정을 통해 생기는 것이 아닐까. 돌 같은 도넛을 내놓고 미안해하던 20년 전의 엄마가 그립고, 지금 내 앞에 있는, 이제는 주름이 가득해진 엄마에게 늘 미안하다.

이제부터라도 엄마에게 더 많은 음식을 만들어 대접해야겠다는 생각이 드는, 그런 아침이다.

구운 도넛 : 도넛 10개 분량

버터 60g ● 박력분 80g ● 아몬드 가루 40g ● 달걀 2개 ● 우유 40g ● 설탕 60g ●
소금 ⅛t ● 베이킹파우더 4g ● 바닐라에센스 ½t

1··· 실온에 둔 버터를 풀어준 뒤 설탕을 넣고 섞어준다.

2··· 1에 달걀을 두세 번에 걸쳐 나누어 넣고 거품을 내준다.

3··· 2에 체 친 가루와 소금, 바닐라에센스를 넣고
　　 주걱으로 가볍게 섞어준다.

4··· 3에 우유를 넣고 섞는다.

5··· 버터 바른 틀에 4의 반죽을 8부가량 채운 뒤
　　 180도로 예열한 오븐에서 12분간 구워준다.

Donut ♥

Autumn 12

고마운 자몽

자몽 젤리와 자몽티

곱게 껍질을 벗겨 입안 가득 큰 과육 하나를 넘길 때
참 맛있다는 소리가 절로 나온다.
이름도 너무 예쁘지 않은가, 자몽.

이름만으로 그것이 가진 성격과 외모를 나타내는 단어가 참 많다. 딸기는 딸기스럽게 생겼으며, 커피도 그 이름이 참 잘 어울린다. 자몽 또한, 매우 자몽답다. 상큼하지만 시다고 느낄 수도 있는 다홍색 과육을 갖고 있는 자몽. 나이가 들수록 신 음식이 싫어지지만, 이 자몽만은 예외이다. 곱게 껍질을 벗겨 입안 가득 큰 과육 하나를 넘길 때 참 맛있다는 소리가 절로 나온다. 이름도 너무 예쁘지 않은가, 자몽.

맛있고 예쁜 자몽을 혼자만 먹기 아까울 때, 고마운 나의 친구에게 비타민 같은 존재가 되고 싶을 때 가끔씩 부지런을 떨며 만드는 게 자몽청이다. 레몬과 달리 안의 껍질까지 벗기고 순수한 속살만 남겨 만들어야 하는 자몽청은 그만큼 손이 많이 간다. 자르고 속껍질을 벗기는 과정을 반복하며 쌓여가는 자몽 알맹이를 보고 있자니 친구가 기뻐할 모습에 마음이 따뜻해진다. 선물을 한다는 건 늘 행복한 일이고 그 상대가 있다는 것 또한 축복받은 일이다. 나라는 사람을 말해줄 수 있고, 너에 대한 나의 마음을 알려줄 수 있는 존재가 되는 우리 사이의 선물.

설탕과 자몽 알맹이를 병 가득 켜켜이 쌓아 준비하고 한쪽에서는 젤라틴을 불린다. 속살을 분리한 김에 자몽 젤리를 함께 만들어도 좋기 때문이다. 차갑게 먹는 자몽 젤리 또한 별미이다. 달콤 상큼한 젤리의 질감과 차가워진 자몽 과육의 조화가 입안 가득 행복한 사치를 준다.

열심히 자몽과 씨름하고 나면 주방에는 자몽 껍데기로 가득 차지만, 받고 기뻐할 이들의 얼굴을 떠올리면 흐뭇한 미소가 입가에 번진다. 제일 좋아하는 과일은 아니지만, 자몽 아이템을 많이 선물해서인지 내가 좋아하는 사람들이 나를 생각할 때면 자몽을 떠올려주었으면 좋겠다는 욕심도 부려본다.

고가의 선물도, 그 친구가 갖고 싶어하는 아이템도 아니지만 유리병 한가득 담겨진 나의 마음이 그 친구에게 따뜻함으로 전달되길 바라본다.

| 자몽 젤리 : 작은 병 4개 분량 |

자몽 1개 ● 자몽 즙 150g ● 판 젤라틴 2장 ● 설탕 30g ● 물 1.5T

1··· 자몽 즙 150g을 준비한다.

2··· 1을 체에 한 번 거른 뒤 설탕을 넣고 섞어준다.

3··· 판 젤라틴을 찬물에 15분간 불려준다.

4··· 2를 따뜻한 물로 중탕한 뒤
불린 젤라틴을 넣고 녹여준다.

5··· 작은 병에 4와 자몽 과육을 넣고
냉장고에서 3~4시간 얼려준다.

| 자몽티 : 기본 사이즈 병 3~4개 분량 |

자몽 10개 • 설탕

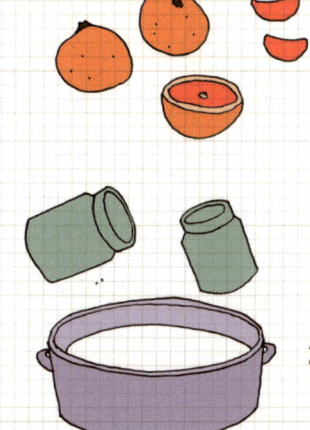

1··· 유리병은 끓는 물에 소독한 뒤 식혀준다.
2··· 자몽은 과육의 속껍질까지 모두 벗겨 분리해놓는다.

3··· 1에 자몽과 설탕을 1 : 0.9 비율로
　　 켜켜이 반복하여 쌓아준다.

4··· 3을 하루 정도 상온 보관한 뒤 냉장고에 넣어
　　 4일 정도 숙성시키면 완성!

Autumn 13

가을 산책

오트밀쿠키

벤치에 앉아 가을을 닮은 오트밀쿠키를 먹으면 가을이구나,
하는 생각이 절로 든다.

산책을 좋아하는 성격 탓에 노랑으로 물드는 가을 역시 참 좋아하는
계절이다. 타박타박 걷기 시작하면 10킬로미터는 거뜬히 걸어갈 만큼 걷
는 데는 자신 있다. 내가 사는 동네라 할지라도 하나하나 자세히 살펴보
며 여행자의 시선으로 걸어가는 그 시간이 좋다. 봄, 여름, 가을의 산책
이 다르듯이 봄과 여름 사이, 여름과 가을 사이, 가을과 겨울 사이의 산
책도 다르다. 가장 좋아하는 시간은 봄과 여름 사이의 산책과 가을과 겨
울 사이의 산책 시간이다. 봄과 여름 사이의 시간은 특유의 여름밤 냄새
도 나면서 덥지도 않고, 시원한 바람도 불어와 산책하다 편의점에 앉아
마시는 맥주 한 잔의 맛이 각별해지는 계절이기도 하다.

가을과 겨울 사이의 산책은 조금은 춥지만, 온 세상이 노랗게 물들어
있어 보는 것만으로도 황홀하고 아름답다.

그래서 각각의 시간마다 어울리는 장소와 디저트가 다르다. 가을 산책
으로 좋은 곳은, 너무도 많은 사람들이 즐겨 찾는 곳이라 추천이라고 하
기에도 민망하지만 역시 남산이 제격이지 싶다. 하얏트 호텔 앞에서부터
남산 도서관까지 조금 멀다고 할 수 있는 거리이지만 둥근 도로를 따라
노랗게 물든 단풍이 아름다워 늘 추천하게 되는 장소이다. 따뜻한 커피
한 잔을 손에 들고, 또 다른 손으로 사랑하는 사람의 손을 잡고 걷는 가
을 남산은 한마디로 행복이다.

노란 러그가 깔려 있는 것 같은 착각이 들 정도로 아름답게 변한 남산을 걷다 잠시 벤치에 앉아 가을을 닮은 오트밀쿠키를 먹으면 가을이구나, 하는 생각이 절로 든다.

그렇게 고소하고 달콤한 가을 산책을 하고 해방촌으로 내려와 쌉쌀한 맥주 한잔 마시고 나면 이보다 더 좋은 산책길이 없다. 벚꽃이 피고 지고, 흩날리는 그 일주일의 시간이 짧아 더 아쉬운 봄과 여름 사이처럼, 은행나무의 노란색이 눈부시고, 떨어지는 그 짧은 시간 역시 무척 아쉬워 늘 그리워하게 된다.

짧아서 더 빛나는 기억으로 남게 되는 그 순간들. 싱그러운 봄과 여름 사이의 초록색과, 낭만적인 가을과 겨울 사이의 노란색이 그리워지는 시간.

이번 가을에는 좀 더 바삭하고 노릇하게 쿠키를 구워야겠다, 아름다운 시간이 더 바삭해지도록.

| 오트밀쿠키 |

중력분 130g ● 버터 120g ● 황설탕 110g ● 달걀 1개 ● 베이킹소다 0.5t ● 오트밀 150g ●
크랜베리 50g ● 초콜릿 칩 70g ● 소금 ⅛t ● 바닐라에센스 1t

1··· 버터와 설탕을 풀어준다.

2··· 1에 달걀을 넣고 크림 상태가 되도록 저어준 뒤,
　　　바닐라에센스를 넣고 마무리한다.

3··· 2에 체에 친 중력분, 베이킹소다, 소금을 넣고
　　　가루가 반만 사라질 정도로 가볍게 섞어준다.

4··· 3에 오트밀, 크랜베리, 초콜릿 칩을 넣고
　　　마저 섞어준다.

5··· 4의 반죽을 둥글납작하게 빚은 뒤,
　　　180도로 예열한 오븐에서 12분간 구워준다.

축하해 너의 생일

바나나 컵케이크

소박하면서도 정성이 느껴지는 케이크.
부드러운 바나나 크림을 가득 올린 컵케이크로
가족들과 생일 파티를 준비해야지.

나에겐 세 살 어린 여동생이 하나 있다. 키도 체격도 나보다 큰 그녀는 나에겐 세상 둘도 없는 친구이다. 소심하고 푼수 같으면서 생각이 어린 나와는 다르게 동생은 의외로 대범하고 어른스러우며 당돌하기도 하다. 나는 요리하는 것을 좋아하고 예쁜 것을 수집하는 여성스러운(?) 취미와 취향이 있는 반면 그녀는 요리는커녕 아직까지도 나한테 라면 끓이는 법을 물어보는, 그런 스타일이기도 하다. 자매라고 해서 다 같을 수만은 없다는 사실을 그녀를 보면서 느낀다.

외모는 나랑 닮은 것 같으면서도 묘하게 다른 동생, 요즘 들어 그녀와 노는 게 즐거워졌다. 스무 살 초반에는 같이 이것저것 많이 하고 먹고 다녔었는데, 직장인이 되고 각자 연애를 하면서 관계가 소원해지기도 했다. 가족 간에 관계가 소원해진다는 말이 얼핏 이상하게 들릴 수도 있지만, 20대 초반의 우리들 관계를 생각해보면 맞는 이야기이다. 각자 사는 게 바빴으니까.

그러던 그녀와 최근 들어 같이 노는 시간이 늘었다. 어색할 수도 있는 내 친구까지 셋이 함께 보내는 시간이 점점 재밌어진다. 같이 맥주를 마시며 사는 이야기를 나누고, 조언도 해주는 그 시간이 새삼 소중하게 느껴져 나도 나이를 먹은 건가 싶을 정도로 울컥했던 밤도 있었다.

이제 곧 각자 결혼을 하고, 아이를 낳으면 정신적으로는 더 가까워지겠지만, 지금처럼 매일 살 부대끼며 볼 수 없다는 생각에 슬퍼졌다. 여전히 같이 살면서 사소한 것들로 큰소리 내며 싸우기도 하지만, 이런 시간도 곧 없어지겠지, 하고 생각하니 마음이 짠해진다.

늘 내가 언니인 만큼 모범을 보이고 동생의 앞길을 밝혀주는 등대 같은 사람이 되어야 한다고 여겼지만, 지금은 생각이 바뀌었다. 어느 순간 그녀의 나이도 벌써 스물아홉, 이제는 서로를 가장 잘 아는 오래된 친구라는 생각으로 바뀌었다. 누구보다 서로의 미래를 걱정해주고 조언해줄 수 있는 가까운 친구 말이다. 동생이 내게 조언을 해도 기분 나빠하지 않을 수 있는 30대의 여유가 생겨서 오히려 고맙다.

그런 그녀의 생일날, 소박하면서도 정성이 느껴지는 케이크를 만들어주고 싶었다. 부드러운 바나나 크림을 가득 올린 컵케이크로 가족들과 생일 파티를 준비해야지.

| 바나나 컵케이크 |

박력분 230g ● 버터 130g ● 설탕 140g ● 달걀 2개 ● 바나나 1.5개 ●
베이킹파우더 4t ● 소금 약간 ● 시나몬파우더 0.5t
[프로스팅] 생크림 100g ● 설탕 20g ● 크림치즈 200g

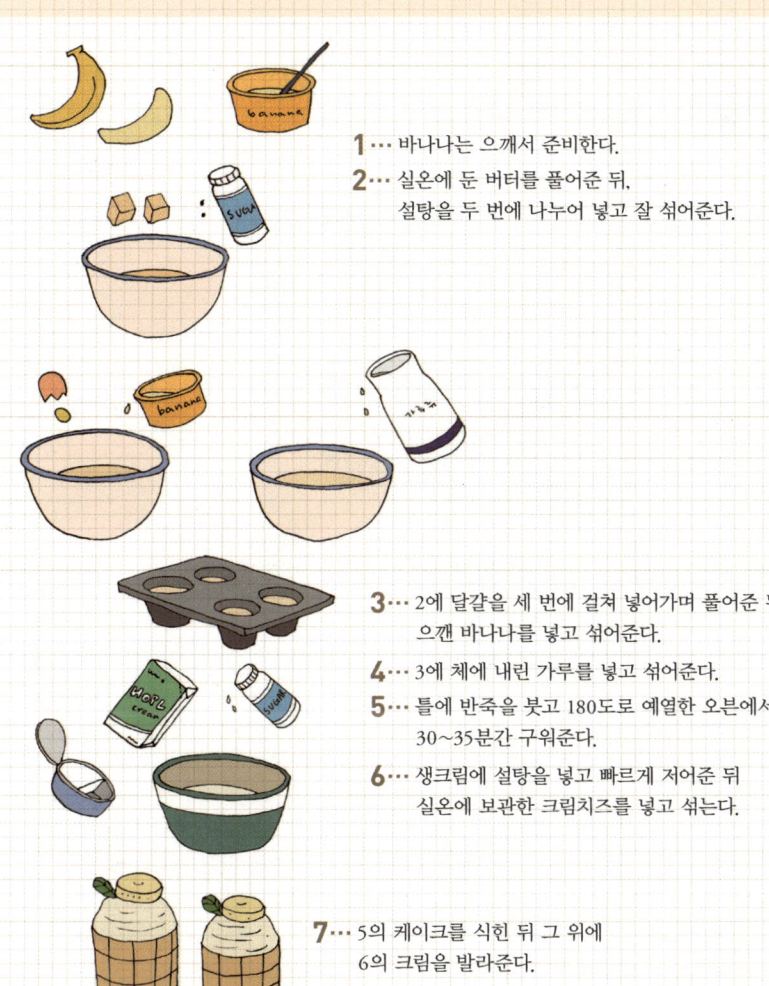

1··· 바나나는 으깨서 준비한다.
2··· 실온에 둔 버터를 풀어준 뒤,
　　 설탕을 두 번에 나누어 넣고 잘 섞어준다.

3··· 2에 달걀을 세 번에 걸쳐 넣어가며 풀어준 뒤,
　　 으깬 바나나를 넣고 섞어준다.
4··· 3에 체에 내린 가루를 넣고 섞어준다.
5··· 틀에 반죽을 붓고 180도로 예열한 오븐에서
　　 30~35분간 구워준다.
6··· 생크림에 설탕을 넣고 빠르게 저어준 뒤
　　 실온에 보관한 크림치즈를 넣고 섞는다.

7··· 5의 케이크를 식힌 뒤 그 위에
　　 6의 크림을 발라준다.

제누아즈

베이킹을 하는 사람들이라면 누구나 자신 있는 디저트가 있을 것이고, 선호하는 디저트도 있을 것이다. 내가 가장 좋아하는 디저트는 딸기 생크림 케이크이다. 잘 구워진 제누아즈에 신선한 생크림만 듬뿍 올려 먹어도 참 맛있다. 물론 다른 굽는 디저트들에 비해 난이도가 있는 편이라 처음 만들 땐 여러 번 실패했던 기억이 난다. 뽀얗고 폭신한 제누아즈를 굽겠다는 열망으로 퇴근하고 집에 와서도 많은 달걀흰자를 풀곤 했다. 처음으로 제대로 구워낸 날, 탄성을 지르며 이게 내가 구운 거라며 자랑하고 호들갑을 떨었다. 부풀어 오른 폭신한 제누아즈를 삼단으로 자를 때 그 기분이란. 딸기 철이 시작되면 늘 굽게 되는 아이템, 제누아즈이다.

제누아즈

Genoise

1··· 달걀과 버터는 미리 실온에 꺼내둔다.

2··· 달걀흰자 3개를 볼에 넣고 설탕 60g을
세 번에 걸쳐 나누어 넣어가며 빠른 속도로 저어준다.

3··· 또 다른 볼에 달걀노른자 3개와 설탕 30g을 쉭고 머랭을 올려준다.

4··· 3의 노른자에 2의 머랭 ½을 넣고
재빨리 쉭는다.

5··· 4에 체에 내린 박력분과 베이킹파우더를 넣고
아래에서 위로 퍼 올리듯 가볍게 쉭어준다.

6··· 5에 남겨둔 머랭을 마저 붓고
유산지를 깐 케이크 틀에 붓는다.

7··· 160도로 예열한 오븐에서 35~40분간 구워준다.

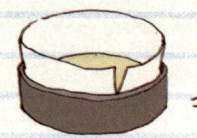

생크림

베이킹을 하면서 가장 많이 만들었던, 아니 휘핑했던 재료는 생크림이 아닐까 싶다. 그만큼 맛있기도 하고 다양한 곳에 쓰이는 베이킹의 기본 중의 기본인 생크림.
처음 휘핑을 하고 생크림을 만들었던 날, 기분이 참 좋았다. 휘핑기로 약간만 저었을 뿐인데 그럴싸한 크림이 완성된다는 게 어찌나 신기하던지. 처음엔 쉬운 것 같았던 생크림이 베이킹을 하면 할수록 만족스러운 생크림으로 만들어지지 않아 속상한 적도 많았다. 그만큼 하면 할수록 완성도에 욕심을 내게 되는 게 바로 생크림이다. 잘 만들어진 생크림은 토스트에 찍어먹기만 해도 맛있다. 빵, 쿠키, 음료 어디든 잘 어울리는 생크림이야말로 최고의 디저트가 아닐까.

생크림

fresh cream

1··· 차가운 생크림을 볼에 담아 가볍게 저어준다.
2··· 1에 설탕을 넣고 본격적인 휘핑 작업을 해준다.

ice

* 여름같이 더울 때는 큰 볼에 얼음을 담고
생크림을 담은 볼을 그 안에 올려놓고 휘핑해보자.

* 럼을 1t 정도 넣으면 풍미가 살아난다.

겨울

Winter 1

엄마의 생일

티라미수

엄마는 처음 맛보는 달콤함에 흥분하는 소녀 같았다.
오늘은 엄마를 위해 티라미수를 만들어보려 한다.

내 또래 친구들은 거의 비슷하겠지만 나 역시 맞벌이 가정에서 자랐다. 어렸을 때는 학교를 마치고 엄마 가게에 들러 1천 원씩 용돈을 받아 근처 가게를 누비곤 하는 것이 일상이었다. 그 돈으로 시장에서 옥수수를 사 먹기도 하고, 슈퍼에서 아이스크림을 사 먹을 때도 있었다. 홀로, 때론 세 살 어린 여동생과 시장을 누빈 시간과 기억이 지금은 행복한 유년의 추억이 되었지만, 그때는 그 시간이 참 싫었다. 남들처럼 학교를 마치고 집으로 가면 엄마가 반겨주었으면 하고 바랄 때가 많았다. 엄마가 손에 쥐어준 1천 원을 들고 돌아다닐 때면 어딘가 마음이 허전했다.

그러던 어느 날이었다. 모처럼 엄마 손을 잡고 집에 가는 길이라 신나게 뛰어가는데 갑자기 엄마가 걸음을 멈추셨다. 평소 물건에는 크게 관심 보이지 않던 엄마였는데 시장 좌판에 놓인 작은 나무 상자를 만지며 한참을 바라보셨다, 예쁘다고 이야기까지 하시면서. 나름 보석상자라는 주인의 말이 지금 생각해보면 웃음이 날 정도로 평범한 나무 상자였지만 반짝이던 엄마의 눈을 본 열 살짜리 여자아이는 난생처음 누군가에게 선물을 해주고 싶다는 생각을 하게 됐다. 그렇게 내 인생 최초의 자발적 저축이 시작된다.

그때나 지금이나 간식에 대한 욕심은 컸지만 열심히 모았고 엄마에게 딸이 주는 최초의 생일 선물을 안겨드렸다. 엄마는 당시 무척 기뻐하셨고 훗날 내가 재테크 신동이 될 거라고 생각하셨단다.

그날 이후로 나는 늘 엄마의 생일을 챙기려 했고, 케이크도 준비했다. 그런데 막상 친구들 생일 파티에는 새롭고 화려한 케이크를 고르면서 엄마 생일 때는 언제나 과일 생크림 케이크만 고르곤 했다. 엄마는 생크림을 좋아하니까, 라는 무심한 생각으로 말이다.

그런데 얼마 전 처음으로 엄마의 생일 케이크로 일반 크림 케이크가 아닌 티라미수를 골랐다. 생김새는 그리 예쁘지 않지만, 그 맛이 참 좋아 먹는 내내 행복해서 내가 무척 좋아하는 케이크이다.

엄마는 새로운 케이크를 매우 마음에 들어 하셨고, 드시는 내내 이런 맛은 처음이라며 신나 하셨다. 엄마는 나보다 훨씬 어른이지만, 처음 맛보는 달콤함에 흥분하는 소녀 같았다. 그동안 나의 무심함에 반성하며 둘이 케이크 한 판을 말끔히 해치웠다.

이제는 티라미수만 보면 엄마 생각이 난다. 처음 누군가를 위해 무언가를 주고 싶다는 생각이 들게 한 엄마.

오늘은 엄마를 위해 티라미수를 만들어보려 한다. 냉장고에 차갑게 보관했다가 엄마가 오면 같이 먹어야겠다.

| 티라미수 |

크림치즈 280g • 생크림 200g • 설탕 80g • 플레인요구르트 80g • 카스텔라 • 코코아파우더 3T

[시럽] 에스프레소 150ml(없을 경우 인스턴트커피 2T와 물 80ml로 대체 가능)

1··· 실온에 둔 크림치즈를 풀어주고
여기에 플레인요구르트를 넣어 잘 섞어준다.

2··· 생크림 200g에 설탕 30g을 넣고
빠르게 저어준다.

3··· 1에 2의 생크림을 넣고 잘 섞는다.

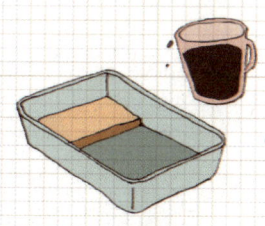

4··· 유리 용기에 카스텔라를 깔고
커피 시럽을 촉촉하게 묻혀준다.

5··· 4의 카스텔라 위에 3의 크림치즈를 올린 뒤
코코아파우더를 뿌려준다.
취향에 따라 카스텔라를 한 번 더 넣어도 된다.

6··· 냉장고에서 2시간 이상 굳힌다.

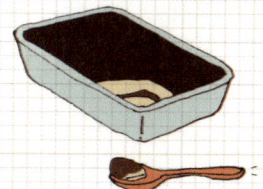

우리의 겨울 데이트

치즈케이크

주말 아침 느릿느릿 침대에서 엉덩이를 떼고 나와
주방에 들어가 크림치즈를 풀고, 비스킷을 부순다.
생각보다 어렵지 않게 그럴싸한 맛을 낼 수 있는 치즈케이크는
나의 단골 메뉴가 되었다.

처음 디저트 책을 구상할 때였다. 편집자와 콘셉트에 관해 이야기를 나누다가 '사계절'에 맞추어 진행해보면 어떨까 하는 생각이 들었다. 조금은 식상해 보일 수도 있지만, 사계절이 뚜렷한 우리나라에서 나는 제철 과일을 이용한 디저트라는 점이 매력적으로 다가왔다. 그리고 또 하나, 계절마다 간직한 아름다운 기억들은 평범한 나의 이야기를 풀어내는 데 좋은 장치가 될 것 같았다. 그만큼 나에게 계절이 주는 기억은 특별하다. 정해진 흐름에 따라 반복적으로 찾아오는 계절은 그 언젠가의 추억을 꺼내주는 장치이기 때문이다.

본격적으로 찬바람이 불기 시작하고, 첫눈이 내리는 시기가 되면 치즈케이크가 생각난다. 모든 연인들이 그렇겠지만, 겨울에는 보통 실내에서 데이트를 하게 마련이다. 우리가 많이 갔던 곳은 영화관도 쇼핑센터도 아닌 마트였다. 요리가 취미인 내게 다양한 식자재와 음식을 볼 수 있는 대형 마트는 겨울 데이트에 더 없이 좋은 장소였다. 가장 좋아하던 곳은 거대한 창고를 연상시키는 마트로, 재미있는 장난감부터 다양한 수입 식품까지 색다른 물건들로 가득한 그곳에 가면 마치 놀이동산에 간 듯 마음이 들뜨곤 했다. 무엇보다 맛있는 피자와 핫도그가 있어서 처음 갔던 날 무척 신났던 기억이 난다. 지금은 잘 안 가지만, 그 당시엔 요리를 하거나 여행을 가기 전에 항상 들르던 곳이며, 겨울 우리의 주 데이트 장

소이기도 했다. 우리뿐만 아니라 많은 연인들이 그곳에서 장을 보고, 피자를 사 먹는 모습을 발견하곤 했다. 물 건너온 것 같은 크리스마스트리부터 진한 치즈 맛이 매력적인 뉴욕 치즈케이크까지 온통 사고 싶은 것 투성이였다. 그래도 장바구니에 담기는 것은 늘 피자와 식재료뿐이지만. 그러던 어느 겨울날, 파티를 준비하기 위해 치즈 홀케이크를 산 적이 있다. 합리적인 가격과 푸짐한 양에 반했던 치즈케이크는 맛도 좋았다. 베이킹을 시작했을 때 가장 먼저 만들어보고 싶었던 케이크가 되었을 정도로 반해서 한동안 치즈케이크에서 빠져나오질 못했다. 비록 배와 허벅지에 두툼한 지방을 얻었지만, 그해 겨울 마트를 돌아다니며 카트에 치즈케이크를 넣던 기억은 나에게 소중한 추억으로 남아 있다. 원체 마트를 좋아하기도 하지만, 겨울에 가는 걸 특히 선호하게 된 이유이기도 하다. 생각보다 어렵지 않게 그럴싸한 맛을 낼 수 있는 치즈케이크는 나의 단골 메뉴가 되었다.

겨울 아침 느릿느릿 침대에서 엉덩이를 떼고 나와 주방에 들어가 크림치즈를 풀고, 비스킷을 부순다. 약간의 노력을 추가해, 예열한 오븐에 케이크 반죽을 넣고 구워지길 기다리는 시간, 진한 치즈 향이 온 집 안을 채우는 그 시간, 내가 겨울을 좋아하게 된 이유이다.

| 치즈케이크 |

크림치즈 300g • 설탕 110g • 생크림 40g • 박력분 20g • 플레인요구르트 100g •
달걀 2개 • 레몬즙 1T • 바닐라에센스 ¼t • 통밀 크래커 65g • 버터 30g

1 ··· 통밀 크래커를 봉지에 넣고 가루가 될 때까지
부순 뒤 녹인 버터 30g을 넣고 섞어준다.

2 ··· 케이크 틀에 유산지를 깔고 1의 반죽을
꾹꾹 눌러 평평하게 담아준다.

3 ··· 실온에 둔 크림치즈를 풀어 설탕을 넣고 휘핑해준다.

4 ··· 3에 플레인요구르트와 바닐라에센스를 넣고
휘핑하다가 달걀을 두세 번에 걸쳐 나누어 넣고
마저 휘핑한다.

5 ··· 4에 레몬즙과 생크림을 넣고 잘 섞어준 뒤
체에 쳐둔 박력분을 넣고 섞는다.

6 ··· 반죽을 2의 케이크 틀에 붓고 기포가 빠지게
몇 차례 바닥에 쳐준다.

7 ··· 170도로 예열한 오븐 안에 사각 팬을 넣고 물을 부은 후,
6의 케이크 반죽을 중탕으로 50~60분간 구워준다.
물이 모자라다 싶으면 중간에 보충해준다.

8 ··· 오븐에 따라 온도가 다를 수 있으니
중간중간 젓가락을 이용해
반죽이 묻어나는지 확인한다.
묻어나지 않으면 완성.

CHEESECAKE

내가 좋아하는
초콜릿 칩 쿠키

기본 반죽에 초콜릿 칩만 가득 넣고 구워도 맛있고,
말린 크랜베리와 초콜릿파우더를 추가해서 구워도 좋다.
촉촉하게 구워도 맛있고 바삭하게 구워도 매력 있는 초콜릿 칩 쿠키.

오븐이 갖고 싶었던 어린 시절, 왜 오븐이 갖고 싶으냐고 누가 물었다면 단번에 초콜릿 칩 쿠키 때문이라고 말했을 것이다. 부모님이 맞벌이를 하셨던 터라 늘 집에서 여동생과 비디오나 만화책을 보며 시간을 보냈다. 그때나 지금이나 시각적으로 보는 걸 좋아하는 내 동생과 나의 성향은 어릴 때 만들어진 게 아닌가 싶다. 그때는 주로 미국 청소년 영화나 드라마를 즐겨봤는데, 거기에 꼭 등장하는 게 초콜릿 칩이 알차게 박혀 있는 통통한 쿠키였다. 어른 손바닥보다 두꺼워 보이는 쿠키를 쌓아놓고 먹는 주인공들을 보며, 얼마나 먹어보고 싶었는지. 언젠간 내 손으로 만들어보겠다는 결심을 한 것은 열네 살 때였다.

훌륭한 어른이 되겠다는 생각보다는 꼭 좋은 오븐을 사서 통통한 쿠키를 굽겠다는 꿈을 가진 야무진(?) 열네 살 소녀는 정확히 10년 후에 그 소원을 이루게 되었다. 비록 제대로 열도 순환되지 않는 싸구려 오븐이었지만, 쿠키도 굽고 어설프게 브라우니도 만들어가며 홈베이킹에 취미를 갖기 시작했다. 어떤 날은 파운드케이크 굽기에 빠지고, 또 어떤 날은 제누아즈를 구워 생크림에 발라 먹는 등 베이킹의 취향은 날로 변해갔지만, 그때나 지금이나 변함없이 좋아하는 것이 있다면 바로 초콜릿 칩 쿠키이다.

기본 반죽에 초콜릿 칩만 가득 넣고 구워도 맛있고, 말린 크랜베리와 초콜릿파우더를 추가해서 구워도 좋다. 촉촉하게 구워도 맛있고 바삭하게 구워도 매력 있는 초콜릿 칩 쿠키.

한 판 가득 구워서 큼직한 유리병에 넉넉하게 담아둔 뒤 소파에 누워 텔레비전을 볼 때마다 하나씩 꺼내 먹어도 좋고, 평소 얼굴 보기 힘든 가족들과의 편안한 주말 아침 티타임에 곁들여도 좋다. 친구들과 파티를 할 때면 컵케이크 부럽지 않게 인기를 끄는 메뉴이다. 진한 커피를 곁들여 즐기다 보면 최고의 수다 음식이 된다.

무엇보다 초보들이 도전해도 실패 확률이 적은 디저트라 적극 추천하고 싶은 메뉴이다.

이번 주말에는 취향껏 초콜릿 칩과 견과 또는 말린 과일을 넣어 홈메이드 느낌이 팍팍 나는 쿠키를 만들어보는 건 어떨까.

| 초콜릿 칩 쿠키 |

버터 70g ● 설탕 50g ● 달걀 1개 ● 박력분 130g ● 베이킹파우더 4g ●
코코아파우더 20g ● 초콜릿 칩 70g

1··· 실온에 둔 버터를 풀어준 뒤
설탕을 두 번에 걸쳐 넣어주며 잘 섞는다.

2··· 1에 풀어둔 달걀을 두세 번 나누어 넣어가며
아이보리색을 띨 때까지 섞어준다.

3··· 2에 체 친 가루를 넣고
주걱으로 자르듯이 섞어주다가
가루의 10퍼센트 정도가 남았을 때
초콜릿 칩을 넣고 마저 섞는다.

4··· 유산지를 깐 팬에 쿠키 반죽을
한 숟가락씩 떠서 올린 뒤
초콜릿 칩을 약간씩 올린 다음
170도로 예열한 오븐에서
12~15분간 구워주면 완성.

chocolate chip
cookie

초콜릿의 계절
퐁당 쇼콜라

오븐에서 따뜻하게 구워낸 퐁당 쇼콜라
누군가와 함께하면 더 맛있게 느껴진다.

달콤한 디저트를 즐겨 먹지만 이상하게도 초콜릿은 그리 좋아하지 않는다. 어린 시절 늘 달고 살았던 초콜릿이 어느 순간 나의 기호에서 사라진 것이다. 어른의 입맛이 되어가는 것인지는 모르겠지만, 그렇게나 좋아했던 초콜릿과 거리가 생겼다는 것을 깨달은 순간, 왠지 모르게 섭섭했다. 그래도 겨울이 오고, 첫눈이 내리고, 12월이 되고, 크리스마스 시즌이 되면 여전히 초콜릿을 찾게 된다. 겨울이라는 계절이 주는 차가움과 초콜릿의 달콤함은 꽤 멋지게 어울린다. 추워서 발 동동 구르며 출근하는 겨울 아침, 회사 앞 카페에서 마시는 핫초콜릿은 하루를 행복하게 해주며, 트리 모양 쿠키 커터로 찍어내는 초콜릿 쿠키는 30년 넘게 만난 크리스마스를 여전히 설렘 가득한 시간으로 만들어준다. 카페마다 보이는 시즌 초콜릿케이크 역시 겨울이 주는 온기 가운데 하나이다. 무엇보다 추운 겨울날, 오랜만에 만난 대학 친구와 함께 학교 앞 카페에 들어가 못 다한 지난 이야기를 하며 호호 불어먹는 퐁당 쇼콜라의 맛은 겨울만이 주는 행복이다. 오븐에서 따뜻하게 구워낸 퐁당 쇼콜라를 한 스푼 뜨면 뜨거운 초콜릿이 고개를 내민다. 케이크와 핫초콜릿의 경계에 있다고 볼 수 있는 이 매력적인 음식은 누군가와 함께하면 더 맛있게 느껴진다.

12월이 되고 우리만의 작은 파티, 크리스마스 파티를 준비한다.

멋진 바비큐 요리가 있는 크리스마스 테이블도 좋지만, 겨울이 주는 파랗고 쨍한 햇살이 있는 창가 테이블에 앉아, 뜨거운 퐁당 쇼콜라를 먹는 파티도 추천할 만하다.

오랜만에 보는 친구들을 불러, 청양고추를 잘게 다져 넣은 라자냐를 만들고, 디저트로 퐁당 쇼콜라를 만들어보자. 매콤하면서 풍부한 맛의 라자냐와 뜨겁고 달콤한 퐁당 쇼콜라의 조화는 겨울에 특히 맛있으니까.

사람들이 크리스마스 시즌이라 부르는 12월을 나는 초콜릿 시즌이라고 부른다. 코끝이 빨개지는 추위를 견뎌내는 방법 중 하나는 초콜릿이니까. 그리고 크리스마스와 잘 어울리는 디저트이기도 하니까. 1년 중 유일하게 초콜릿을 먹는 계절, 겨울이다.

| 퐁당 쇼콜라 |

다크 커버처 초콜릿 130g ● 박력분 80g ● 설탕 60g ● 버터 80g ● 달걀 2개 ●
달걀노른자 2개 ● 코코아 가루 10g ● 베이킹파우더 4g ● 슈거파우더 2T

1··· 볼에 버터와 다크 커버처 초콜릿을 담고
전자레인지에서 녹인 뒤 섞어준다.

2··· 달걀을 풀어준 뒤
설탕을 두세 번에 나누어 넣고 휘핑한다.

3··· 2에 1을 두세 번에 걸쳐 부어가며 잘 섞어준다.

4··· 3에 체에 친 박력분과
베이킹파우더를 넣고 섞어준다.

5··· 반죽을 오븐 용기에 담은 뒤 180도로
예열한 오븐에 넣고 10~15분간 구워준다.

6··· 완성된 퐁당 쇼콜라에
슈거파우더를 뿌려 장식한다.

Winter 5

낭만 캠핑

스모어

맛있게 적당히 구워진 마시멜로를 초콜릿과 함께
비스킷 사이에 넣고 꾹 눌러주면 겨울 낭만 디저트,
스모어가 완성된다.

사계절 중에 가장 좋아하는 계절은 여름이고 특히 6월을 사랑한다.

반대로 가장 반갑지 않은 계절은 겨울이다. 겨울의 메마른 가지와 차
가운 바람은 나를 무기력하게 만든다. 무엇보다 몇 시간이고 걷는 걸 좋
아하는 내겐 참 차가운 계절이다. 그래서 겨울 여행은 언제나 따뜻한 온
천이 있는 호텔이나 리조트로 떠나곤 했다. 그런 겨울 여행이 식상하다
고 느끼던 어느 날, 새로운 경험을 위해 봄에도 안 가던 캠핑을 준비하
게 되었다.

처음으로 떠나는, 그것도 겨울에 떠나는 캠핑이라 웬만한 시설이 완비
되어 있는 일명 '글램핑'장으로 목적지를 정했다.

1박 2일이라도 처음 가보는 캠핑이기에 몇 주간의 여행 준비를 하면
서 걱정도 참 많이 했다. 우선 캠핑장이 추운 북쪽 지방에 위치해 있었
기에 그곳의 매서운 추위가 걱정되었다. 그렇게 걱정에 걱정을 안고 도착
한 캠핑장은 손을 베어도 느끼지 못할 만큼 어마어마하게 추웠다. 그렇
지만 점점 신이 났다. 점점 커지는 장작불과 준비해간 와인의 취기가 오
르면서 이곳의 공기와 냄새가 좋아지기 시작했고 어느덧 추위도 잊고 있
었다. 나는 준비해간 마시멜로를 굽기 시작했다. 그냥 구워 먹어도 맛있
지만, 우리들의 첫 번째 캠핑이니만큼 특별한 디저트가 있었으면 좋겠다
는 생각에 비스킷과 초콜릿도 함께 준비했다.

맛있게 구워진 마시멜로를 초콜릿과 함께 비스킷 사이에 넣고 꾹 눌러주면 겨울 낭만 디저트, 스모어가 완성된다. 쌉쌀한 와인과 함께 먹으면 더 맛있고 달콤하게 느껴지는 스모어.

녹아 비스킷에 붙어 있는 마시멜로를 보니 따뜻해지는 기분까지 든다. 그리고 이 순간 내 옆에 있는 너에게 스모어의 마시멜로 같은 사람이 되고 싶어진다. 영화 「이터널 선샤인」의 한 장면 같았던 우리들의 2013년 12월 21일. 따뜻한 불가에서 밤하늘을 바라보며 이야기하던 그 시간은 나에게 겨울만이 줄 수 있는 특별함을 일깨워주었다. 여름 안에만 있다 보면 정작 여름이 얼마나 아름다운 계절인지, 얼마나 축복받은 계절인지 모르고 지나치기 쉽다.

끝이 보이지 않을 만큼 추운 겨울이지만, 겨울이 지나고 찾아올 따뜻한 봄과 여름이라는 희망이 있기에 이 시간이 마냥 어둡지만은 않은 것 같다. 반대로 누군가는 겨울을 위해 여름을 인내하며 지내는지도 모른다. 시간이 지나면 계절이 바뀌고 또 새로운 계절이 찾아오는 것은 자연의 섭리이니까. 하지만 계절의 순환에도 바뀌지 않은 것이 있다. 바로 지금 이 순간, 내 주위에서 나를 지켜봐주고 손을 잡아주는 사람들이다. 이들이 있기에 차가운 겨울바람도 이겨낼 용기가 생기는 것은 아닐까.

| 스모어 |

통밀 크래커 8개 ● 마시멜로 4개 ● 다크 커버처 초콜릿 또는 일반 초콜릿 150g

1··· 마시멜로를 불에 살짝 구워준다.

2··· 초콜릿을 한입 크기로
크래커 사이즈에 맞게 잘라준다.

3··· 크래커 위에 초콜릿을 올리고
구운 마시멜로를 올린 뒤
다시 크래커로 덮어준다.

4··· 슈거파우더로 장식해주면 완성!

S'move

나의 겨울 친구

고구마 라테

디저트를 만들고 좋아하지만, 달콤한 음료를 즐기진 않는다. 쌉쌀한 블랙커피와 함께하면 좋을 케이크나 타르트를 좋아하지만 핫초콜릿이나 카페모카 같은 단 음료와 커피는 그리 좋아하지 않는다.

그런데 간사하게도 이 입맛이 계절을 탄다. 겨울만 되면 신기하게도 생크림이나 우유 거품이 풍성하게 올라간 커피나 음료가 마시고 싶어진다. 음료뿐만 아니라 음식도 평소에는 좋아하지 않았던 것들이 생각난다. 다른 계절에 비해 겨울이 특히 그런 편이다.

겨울이면 늘 가던 대형 프랜차이즈 카페 대신, 회사 앞 작은 카페에 가서 고구마 라떼를 마시곤 한다. 고구마를 아낌없이 넣어 진한 맛이 살아 있는 고구마 라떼 한 잔이면 겨울 아침 출근길도 두렵지 않다.

고구마 말고도 이런 음식이 몇 가지 있다. 평소에는 쳐다보지도 않던 곰탕도 겨울만 되면 가게 문지방 닳듯이 찾아가 먹고, 허름해서 가지 않던 작은 할머니네 연탄구이 집에 가기도 한다. 캐러멜이 들어간 커피는 정말 싫어하는데 겨울에는 즐겨 마시게 된다. 계절에 따라 입맛이 변하는 게 나쁜 만은 아닐 거다. 음식과 계절에도 궁합이 있으며, 그것이 계절이 주는 행복 중에 하나인지도 모른다.

우유 거품이 뽀얗게 올라가 있는 테이크아웃 커피 잔은 겨울철 나의 필수 아이템이다. 정신없이 마시고 바닥이 보일 때쯤 잔을 들여다보니 새삼 계절이 실감된다.

　늘 보던 사물도, 음식도 고마움을 느끼며 두 번 보고 세 번 보자던 약속은 겨울 차가운 바람에 잊고 있었나 보다. 내일 출근길엔 한 잔의 따뜻함이 주는 고마움을 느끼며 다시금 온기를 느껴봐야겠다.

　나의 겨울 친구, 고구마 라테와 함께.

| 고구마 라테 |

고구마 100g ● 우유 200g ● 꿀 2t ● 기호에 따라 견과 추가(믹서에 함께 갈 것)

1··· 고구마를 푹 삶은 뒤 껍질을 벗겨 준비한다.

2··· 삶은 고구마와 우유를 믹서에 넣고 잘 갈아준다.
이때 견과를 넣어주어도 좋다.

3··· 취향에 따라 꿀이나 시럽을 넣고 잘 섞은 후
우유 거품을 올려주면 부드러운 고구마 라테 완성!

팥이 들어간 건 다 좋아

단팥 라테

달콤한 팥과 우유의 조화가 온몸을 따뜻하게 감싸주는 단팥 라테.
코코아도 좋지만 의외로 맛있어서 자꾸만 생각나는 겨울 음료이다.

나는 팥을 무척 좋아하는 편이다. 단팥빵, 단팥죽, 팥빙수 등등, 팥이 들어간 모든 음식을 좋아한다고 할 수 있을 정도로 일명 '노인 입맛'이다. 그래서인지 서울의 유명한 팥빵 전문점, 빙수 가게, 팥죽집까지 모두 섭렵했다고 자신 있게 말할 수 있다.

요즘은 적당히 달게 만든 홈메이드스타일의 단팥 디저트가 사랑받고 있는 것 같다. 그래서인지 예전에는 보기 힘들었던 새로운 스타일의 단팥 디저트도 등장하고 있는데, 최근에 반해버린 단팥 라테 역시 그렇다. 달콤한 팥과 따뜻한 우유의 조화가 온몸을 포근하게 감싸주는 단팥 라테.

적당히 달콤하게 졸여진 팥 조림을 보글보글 끓인 우유와 함께 섞어주면 맛있는 단팥 라테를 만들 수 있다. '녹차 팥 파운드케이크'를 만들 때처럼 팥에 설탕과 올리고당을 넣고 졸여 만든 팥 조림 하나면 단팥 라테 역시 쉽게 만들 수 있다. 하지만 그것마저 귀찮다면 시중에 파는 빙수용 팥 조림 통조림을 사용해도 괜찮다. 잘 섞인 팥과 우유 위에 보송보송하게 휘핑한 우유 거품만 올려주면 완성되는 단팥 라테.

나른한 휴일 아침, 이왕이면 시장 할머니의 넉넉한 인심을 느끼며 사온 팥 한 대접을 냄비 가득 담고 팥 조림을 만들어보는 건 어떨까. 2분이면 만들 수 있는 단팥 라테는 겨울이 추워서 더 맛있게 느껴지는 디저트이다. 주말 오후 소파에 앉아 라테 한 잔 마시며 뒹굴 거리는 시간이란.

남은 팥 조림으로는 상투 과자를 만들어도 좋다. 깍지 가득 담아 짜내기만 하면 되는 간단하지만 맛있는 디저트이다.

팥 조림을 넉넉하게 만들어두면 따뜻한 겨울을 보낼 수 있다. 집 안 가득 달달한 단팥 냄새가 풍기는 겨울 오후도 참 좋다. 코코아도 좋지만, 의외로 맛있어서 자꾸만 생각나는 겨울 디저트 음료, 단팥 라테다.

| 단팥 라테 |

단팥 조림 100g ● 우유 200g ● 시나몬파우더 약간

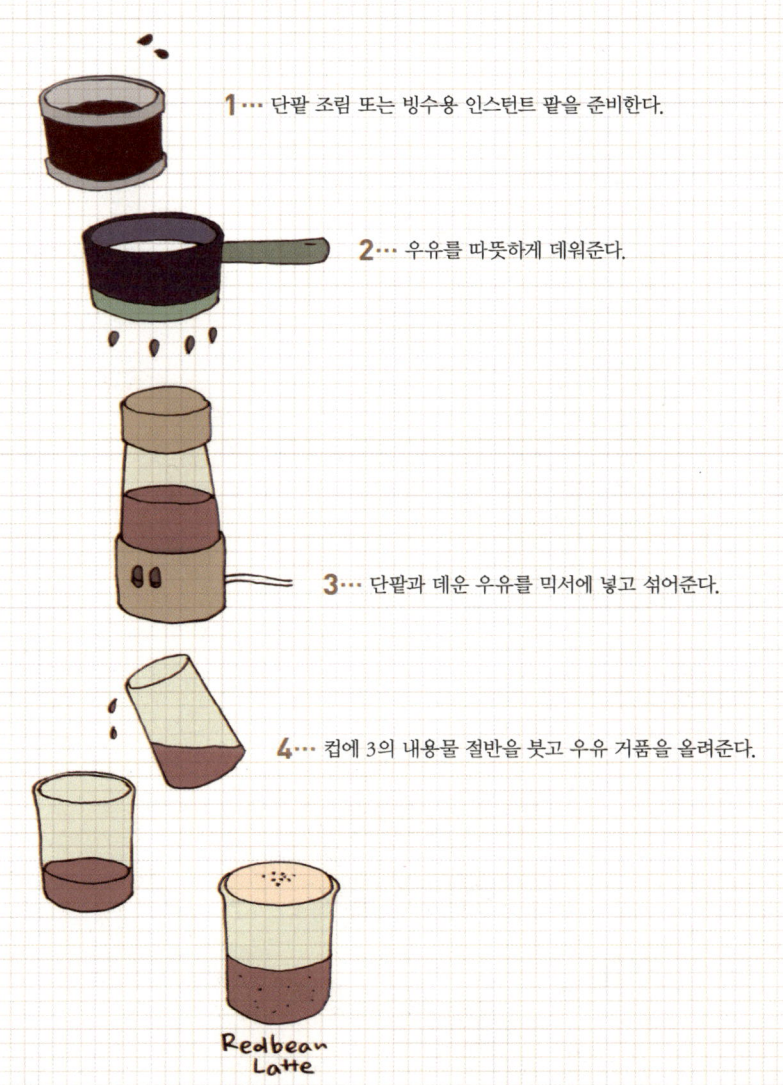

1··· 단팥 조림 또는 빙수용 인스턴트 팥을 준비한다.

2··· 우유를 따뜻하게 데워준다.

3··· 단팥과 데운 우유를 믹서에 넣고 섞어준다.

4··· 컵에 3의 내용물 절반을 붓고 우유 거품을 올려준다.

Redbean
Latte

겨울이 좋은 이유

레드벨벳 케이크

빨간 삼단 시트와 하얀 생크림, 크림치즈가 어우러진
프로스팅을 바른 누가 봐도 "크리스마스예요"라고 말하는
로맨틱한 크리스마스 케이크.

다른 계절보다 겨울이 싫은 이유는 특유의 외로움 때문이다.

한 해를 마감하는 시기인 연말, 날은 추워지지만 거리는 오색찬란한 빛을 발하며 연말 분위기를 만들어간다. 나이가 들어도 연말 특유의 반짝거림에는 여전히 설렌다. 스무 살이 되면서 본격적으로 친구들과 크리스마스파티를 하는 등 많은 추억의 시간을 보냈다. 지금도 여전히 캐럴을 들으면 기분이 들뜨고, 친구들을 위한 카드를 쓰고, 크리스마스 케이크는 어떤 걸로 할지 고민하는 시간은 좋다. 마치 한 해의 모든 축제와 행복의 시간이 12월에 몰려 있는 느낌마저 든다. 그래서인지 크리스마스가 끝나고 연말이 지나면 겨울의 추위가 실감 나는 시간이 온다. 그 시간이 싫어서인지 해가 갈수록 12월을 더 알차고 소중하게 보내야겠다는 생각도 한다. 시끄러운 청춘의 거리에 나가 연말을 느끼고, 친구들과 모여 화려한 크리스마스를 즐기는 시간도 좋지만, 요즘은 사랑하는 사람들과 집에서 캐럴을 들으며 직접 만든 케이크와 식사를 즐기는 시간이 좋아졌다.

어린 시절엔 신나는 팝송풍 캐럴을 들으며 친구들과 파티하는 것을 좋아했다면, 지금은 크리스마스 재즈를 들으며 색소폰 소리에 조용한 설렘을 느끼며 해가 지는 오후 테이블에 앉아 행복한 크리스마스 이야기를 나누는 시간이 좋아졌다.

올 크리스마스에는 레드벨벳 케이크를 구웠다. 빨간 삼단 시트와 하얀 생크림, 크림치즈가 어우러진 프로스팅을 바른 누가 봐도 "크리스마스에요"라고 말하는 로맨틱한 크리스마스 케이크.

오늘은 맥주와 치킨이 아닌, 토마토와 치즈 향이 가득한 그라탱을 만들고, 아끼던 와인을 꺼내고 이날을 위해 산 새 양초도 피워야지. 그리고 다짐해야지. 세월이 흘러도, 나의 크리스마스, 우리들의 크리스마스는 더 젊고 더 설렐 수 있도록 노력하자고. 작년보다 더 멋지고, 내년에는 더 설렐 우리들의 크리스마스일 거라고.

| 레드벨벳 케이크 |

[버터밀크] 우유 150g • 식초 7g

[시트] 버터 130g • 박력분 270g • 설탕 160g • 코코아가루 20g • 붉은 색소 2t •
소금 ⅛t • 베이킹파우더 6g • 달걀 2개

[크림치즈 프로스팅] 크림치즈 250g • 슈거파우더 80g • 생크림 180g • 바닐라에센스 ½t

1··· 실온에 둔 버터를 풀어준다.
여기에 설탕을 넣고 잘 섞어준 뒤
달걀을 두세 번에 걸쳐 나눠 부으며
잘 섞는다(층 분리 주의!).

2··· 우유에 분량의 식초를 넣고
15분가량 그대로 두면 버터밀크 완성.

3··· 2에 체 친 가루를 반만 넣고 잘 섞는다.

4··· 3에 버터밀크를 넣고 섞어준다.

5··· 4에 남은 가루를 모두 넣고 섞어준 뒤
붉은 색소를 첨가하고 마저 섞는다.

6··· 유산지를 깐 케이크 틀에 반죽을 부은 뒤
180도로 예열한 오븐에서 45~50분간 굽는다.

7··· 크림치즈 프로스팅 재료를 모두 넣고 섞어준다.

8··· 한 김 식힌 케이크 시트를 3등분한 뒤
크림치즈 프로스팅을 하면 완성.

RED velvet cake :

모두가 사랑한 그 이름
오레오 머핀

오레오를 반죽에 마구 부숴 넣고 구워낸 머핀은
매우 훌륭한 디저트가 된다.
일명 셀프 위로를 받고 싶은 날, 나의 영혼의 음식이다.

흰색과 검은색으로 이루어진 멋쟁이 과자 오레오는 달아서 그냥 먹기엔 힘든 편이지만, 다른 음식의 재료로 들어가면 적당한 단맛을 심어주어 좋아하는 과자이다. 어떤 재료와 섞느냐에 따라 갈색이 도는 맛있는 식감을 주기도 하고, 블랙 앤드 화이트의 시크함을 선사하기도 한다. 그래서인지 여러 디저트에 감초로 쓰이는 경우가 많다. 나 역시 오레오를 활용한 디저트를 무척 좋아한다. 머핀 반죽에 설탕 대신 오레오를 넣어주면 은근한 초콜릿 풍미에 바삭한 식감이 더해져 색다른 머핀을 만들수 있다. 얼음과 만나면 이제껏 경험해보지 못한 새로운 맛의 빙수가 되기도 한다. 물론 그냥 우유와 함께 먹어도 참 맛있다. 단맛이 강해 호불호가 갈리지만 생김새 자체도 사랑스럽고 개성 있어 내가 애정하는 과자 오레오. 나뿐만 아니라 모든 이들의 사랑을 받아서인지 코카콜라처럼 브랜드가 고유명사가 된 예이기도 하다. 이 또한 내가 오레오를 좋아하는 이유이다.

많은 것들과 잘 어울리고 사랑받으며, 많은 사람들이 기억해주는 이름을 갖고 있어 과자지만 부럽다는 생각도 든다. 우울해서 미친 듯 단게 먹고 싶은 날, 오레오를 반죽에 마구 부숴 넣고 구워낸 머핀은 매우 훌륭한 디저트가 된다. 일명 셀프 위로를 받고 싶은 날, 나의 영혼의 음식이다. 구워내면 그 모양 또한 어찌나 먹음직스러운지!

머핀지를 벗기고 한입 크게 베어 먹으며 생각한다. 나도 언젠가 오레오 같은 존재가 되어야지, 라고. 많은 사람들과 잘 어울리는 따뜻하고 사랑스러운 사람이면서 존재감 있는 사람이 되어야겠다는, '맛있고 황당한 다짐'을 해본다.

| 오레오 머핀 |

박력분 200g ● 설탕 110g ● 버터 110g ● 생크림 150g ● 베이킹파우더 5g ● 달걀 2개 ● 오레오 8개

1··· 실온에 둔 버터를 풀어준다.

2··· 1에 설탕을 넣고 풀어준 뒤
    달걀을 두세 번에 나누어 넣고 섞어준다.

3··· 오레오 4개의 크림을 제거한 뒤
    비닐에 넣고 잘게 부숴 가루 상태로 만든다.

4··· 2에 체 친 가루와 3의 오레오 가루를 넣고 섞는다.

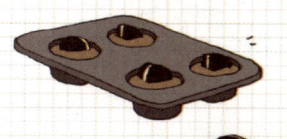

5··· 머핀 틀에 반죽을 70~80퍼센트 채운 뒤
    잘게 자르거나 반으로 자른 오레오를 올려준다.

6··· 180도로 예열한 오븐에서 15~20분간 구워준다.

oreomuffin

Winter 10

못생겨서 더 좋은
심플 초코케이크

달콤한 냄새를 풍기며 소복하게 부풀어 오른 초콜릿 제누아즈와
하얀색 크림은 나의 꿈을 보여주는 것만 같다.

베이킹을 하고 디저트를 만드는 취미가 생긴 뒤로는 평소에 책을 보고
웹사이트 서핑을 하며 영감을 얻곤 한다. 그런 과정을 통해 나의 스타일
이 무엇인지 알게 되기도 한다. 아직까지는 여러 곳에서 영감을 받고 있
지만, 케이크만큼은 이제 나의 취향이 어떤 것인지 확실히 알게 되었다.

장식이 없고 심플하며 높을 것.

미국 영화에 나오는 터프한 케이크와 일본 드라마에 나오는 아기자기
한 케이크를 비교해보면 된다. 화려하게 장식한 일본의 무스케이크도 좋
지만, 필링도 대충 턱턱 얹고 장식도 없는 홈메이드 느낌의 케이크가 점
점 좋아졌다. 물론 케이크가 주는 상징성도 있어서 너무 성의 없이 만드
는 것은 아니지만, 가족 모임이 있을 때는 심플하고 높은 케이크를 선호
하게 된다.

조금은 두려운 마음으로 시작한 새해 첫날의 가족 모임. 불안하고 추
운 기운이 우리를 둘러싸고 있지만, 켜켜이 쌓인 생크림과 초코 제누아
즈가 주는 비주얼은 어느새 우리의 마음을 녹이고 있었다.

잘 재단된 슈트처럼 빈틈없이 생크림과 금가루로 장식된 케이크라면
과연 그런 마음이 들었을까? 하는 생각이 드는 순간이었다. 물론 완벽
한 아이싱의 자태를 뽐내는 멋진 케이크들도 좋지만, 차가워진 우리의
마음을 녹이는, 조금은 평범해 보이는 케이크가 참 좋다. 그리고 언젠가

기회가 되면 홈메이드 느낌이 물씬 풍기는 케이크로 가득한 나만의 가게가 생기는 날이 왔으면 좋겠다는 생각도 잠시 해보았다. 케이크계의 심야식당처럼 소박하지만 따뜻한 위로가 넘치는 한 조각 케이크로 누군가를 위로해주는 삶도 무척 좋겠다는 생각. 그 과정을 통해 나 역시 위로받고, 서로의 마음을 다독여주는 따뜻한 케이크 가게.

　10년이 될지 20년이 될지 모르지만, 그런 날이 오리란 희망은 놓지 말아야지.

| 심플 초코케이크 |

박력분 70g • 달걀 3개 • 설탕 80g • 물엿 15g • 코코아파우더 15g •
식용유 20g • 우유 30g • 바닐라에센스 ½t • 베이킹소다 1.5g • 소금 약간
[생크림] 생크림 250g • 설탕 25g

1··· 따뜻한 물에 중탕한 볼에 달걀을 깨서 넣고
설탕, 물엿과 함께 섞어준다.
10분간 아이보리색을 띨 때까지
중속-고속을 반복하여 반죽을 섞어주다
마지막엔 저속으로 섞어준다.

2··· 1에 체 친 가루를 넣고 아래서 퍼 올리듯
거품이 꺼지지 않게 섞어준다.

3··· 2에 식용유, 우유, 바닐라에센스를 넣고 마저 섞는다.

4··· 유산지를 깐 틀에 3의 반죽을 넣고
170도로 예열한 오븐에서 35~40분간 구워준다.

5··· 구워진 케이크를 식힌 뒤 3등분한다.

6··· 생크림과 설탕을 휘핑해
단단한 질감의 크림으로 만들어준다.

7··· 케이크 위에 6의 크림을 올리고
다시 케이크를 덮는 과정을 반복한다.

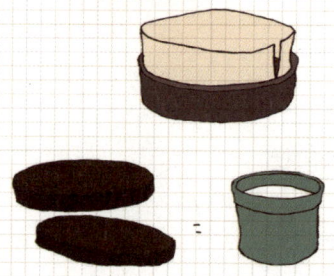

Winter 11

너의 크리스마스도 웃음이 넘쳤으면 좋겠어

크리스마스 구겔호프

기억하고 싶은 날에는 어린 시절의 우리를 닮은 소박하고
둥근 케이크 구겔호프와 함께하고 싶다.
그때의 추억까지 함께 담아서.

"케빈이 우리에게 행복한 기억을 준 것만큼 케빈도 행복해졌으면 좋
겠다."

언젠가 인터넷에서 본 댓글이 잊히지 않는다.

크리스마스라는 말과 거의 동격이 된 영화 「나 홀로 집에」의 영원한
악동 케빈. 어린 시절 「나 홀로 집에」를 보고 그 매력에 푹 빠진 나는 몇
번이고 반복해서 본 기억이 난다. 나이가 들어서도 크리스마스가 되면
캐럴과 동시에 이 영화가 생각난다. 케빈이 전 세계적으로 사랑받는 캐
릭터가 된 데는 배우 매콜리 컬킨의 공이 가장 크다. 매콜리 컬킨의 모습
외에 다른 케빈의 모습은 상상할 수도 없을 만큼 가장 완벽한 케빈의 모
습을 만들어낸 매콜리 컬킨. 이 영화에 출연한 이후 엄청난 인기와 사랑
을 받는 아역배우로 자리매김했지만 그의 미래가 마냥 장밋빛만은 아니
었던 모양이다. 성공한 아역배우에게 어두운 가정사는 흔한 일이었고 갑
작스러운 부^富가 그들에게 오히려 독^毒이 됐다는 이야기는 누구나 짐작
할 수 있는 결말이었으리라. 지금의 매콜리 컬킨은 약물과 알코올, 세월
의 흔적으로 변해버린 아저씨의 얼굴을 하고 있다. 그 얼굴에서 예전의
귀여운 케빈의 모습을 찾아보기란 불가능한 일이 되어버렸다. 신문을 통
해 매콜리 컬킨의 변화된 모습을 접한 사람들은 저마다 걱정과 안타까
움을 표했다. 그 안타까움이 "케빈이 우리에게 행복한 기억을 준 것만큼

케빈도 행복해졌으면 좋겠다"라는 말로 표현된 것이리라.

짧은 글이었지만 다른 이의 불행에 진심으로 가슴 아파하는 마음이 전해져 읽고 있는 동안 내 마음까지 따뜻한 온기가 전해지는 듯했다. 그리고 나의 친구들이 생각났다.

나이가 들수록, 고마운 마음에도 의심이 들고 마음의 문이 닫혀가고 있어 더 그랬는지도 모르겠다. 어린 시절에는 늘 싸우고 화해하고 떠들고 웃고 욕하고 지냈던 나의 친구들과도 어느 때부터인가 가끔 만나 좋은 말만 하고 안부를 묻는 사이가 되어가는 것 같아 왠지 모르게 슬퍼졌다. 하지만 오늘 케빈을 생각하며 나의 친구들에 대한 고마움을 새삼 느낀다. 내가 순수했을 때 만난 케빈을 기억하는 것처럼 우리가 순수했을 당시에 만나 그래도 이렇게 오래 이야기하고 있다는 것에.

너무 어리고 순수한 시절에 만나 서로가 당연히 있어야할 존재라고 느낀 우리가 서로에게 무덤덤해져가는 어른의 시간들이 슬프지만, 이제라도 케빈에게 고마운 것처럼 친구들에게도 고마운 마음을 전하고 싶어지는 날이다.

기억하고 싶은 날, 17년 전 작은 방에 모여 크리스마스 계획을 세우며 즐거워하던 그날. 이번 크리스마스에는 우리가 큰 것만큼 그럴듯한 큰방에 모여 케빈을 보고 싶다. 어린 시절, 우리를 닮은 소박하고 둥근 케이크, 구겔호프와 함께.

| 크리스마스 구겔호프 |

버터 95g ● 설탕 80g ● 달걀노른자 80g ● 달걀흰자 60g ● 박력분 80g ● 아몬드 가루 60g ●
베이킹파우더 4g ● 견과(피스타치오, 캐슈넛, 호두) 60g ● 말린 크랜베리 30g ● 바닐라에센스 ½t
[아이싱] 레몬즙 20g ● 슈거파우더 100g

1… 실온에 둔 버터를 풀어준 뒤 설탕 50g을 넣고 잘 섞는다.

2… 1에 달걀노른자를 두세 번 나누어 넣고 잘 풀어준다.

3… 달걀흰자를 빠르게 저어주다가 거품이 일어나면
　　설탕을 세 번에 걸쳐 넣고 뿔이 생기도록
　　머랭을 단단하게 만들어준다.

4… 2에 3의 머랭을 ½만 넣고 가볍게 섞어준다.

5… 체 친 가루를 넣고 가볍게 섞어준 뒤
　　남은 머랭을 넣고 마저 섞는다.

6… 견과와 크랜베리를 넣고 섞는다.

7… 버터를 바른 틀에 8부가량 반죽을 붓고
　　바닥에 쳐서 표면을 고르게 한 뒤
　　180도로 예열한 오븐에서 35~45분간 구워준다.

8… 아이싱 재료를 섞어준 뒤 식힌 케이크 윗면에 붓고
　　취향에 따라 견과와 크랜베리로 장식한다.

merry
christmas!

만두피 바나나 튀김

만두피에 누텔라 잼과 바나나만 있으면 완성되는 초간단 디저트.
플레이팅만 예쁘게 해도 그럴싸한 디저트가 된다.

언젠가부터 젊은 남자 셰프들이 출연해 요리도 하고 이야기도 하는 프로그램이 인기를 얻고 있는 것 같다. 요리 채널을 보면 이런 콘셉트의 프로그램 한두 개쯤은 심심치 않게 만날 수 있으니 말이다. 처음에는 남자들이 요리를 해봤자 얼마나 하겠어, 하는 마음으로 시청하게 되었지만, 언제부터인가는 소파에 앉아 꼼꼼히 장면을 챙겨보며 깔깔거리고 있는 나를 발견하게 되었다. 젊고 훈훈한 남자 셰프들이 진행하는 요리 프로그램의 시초는 영국의 인기 셰프 제이미 올리버가 시작했다고 할 수 있겠지만, 한국 셰프들 역시 저마다 고유한 매력을 지니고 있다. 특히 개인적으로 선호하고 팬이 된 셰프들도 있고, 즐겨보는 프로그램도 있다. 뿐만 아니라 요즘 잘나가는 동네에는 이런 젊은 남자 셰프들이 운영하는 레스토랑들이 인기를 끌고 있다. 여자 셰프는 보이지 않아 섭섭하다는 나의 말에 친한 언니는 단호하게 잘라 말했다.

"당연한 거야, 그런 동네를 즐겨 가고 선호하는 건 여자들인데."

오래전부터 보아온 텔레비전 속의 중년 여성 요리사분들도 익숙하고 전문가처럼 보였지만, 어느 순간 나타난 젊은 남자 셰프들의 모습에 눈이 휘둥그레지고 빠져들어 있는 나를 보며 나도 천생 여자이구나 하는 생각이 들었다. 물론 이들이 요리 프로그램에 나와서 폼을 잡고 있는 힘을 다해 허세를 부렸다면 전혀 마음이 동하지 않았을 텐데, 훈훈한 외모와 섬세한 말투로 요리를 하고 때로는 푼수처럼 수다를 떠는 모습에 더 흔들리게 되는 것 같다. 프로그램 특성상 간단한 레시피의 요리들을 하는 편인데 보고 있으면 나도 따라해보고 싶어져 부엌에 가서 기웃거리게 된다.

그리고 오늘만큼은 오븐을 쓰지 않은 디저트를 만들어본다. 만두피에 누텔라 잼과 바나나만 있으면 완성되는 초간단 디저트. 플레이팅만 예쁘게 해도 그럴싸한 디저트처럼 보이기에 오늘만큼은 나도 유명한 셰프를 따라잡은 만족감을 느낀다. 나도 언젠가는 부엌에 유머를 불어넣는 앞치마 두른 사람이 되길 바라며!

| 만두피 바나나 튀김 |

만두피 8장 ● 바나나 2개 ● 누텔라 잼 4T ● 식용유 1T ● 슈거파우더 1T ● 생크림, 장식용 과일

1··· 바나나를 0.8밀리미터 두께로 슬라이스한다.

2··· 만두피 한 장 위에 누텔라 잼 1T를 바른 뒤
슬라이스한 바나나 3~4개를 올려준다.

3··· 바나나 위에 만두피 한 장을 더 올린 뒤
만두피 끝 쪽에 물을 묻혀 붙여준다.

4··· 중약불로 달군 팬에 식용유를 두르고
3을 노릇하게 구워준다.

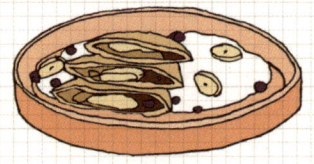

5··· 4를 반으로 자른 뒤 슈거파우더를 뿌려준다.
기호에 따라 생크림과 과일을 올려주면 끝.

Winter 13

마음이 움직이는 순간

견과 타르트

고마움을 표현하고 싶은 마음에
좋은 견과만 몽땅 모아서 타르트를 구웠다.
예쁘지는 않아도 몸에 좋은 재료를 가득 넣은
내 마음이 조금은 전달되길 바라면서.

어린 시절부터 늘 개를 키워올 만큼 우리 가족들은 개를 사랑한다. 지금은 아홉 살 된 시츄와 네 살 된 시츄를 키우고 있다. 둘 모두 우리 가족의 소중한 일원이다. 처음 한 마리였을 때와는 다르게 자식이 생기고 가족이 늘어나자 우리 가족의 걱정도 늘었던 게 사실이다. 식구들이 모두 집을 비우는 낮에는 두 마리가 서로 짖고 싸우고 소란을 피우기도 해 옆집의 눈치가 보였던 것이다. 아무리 어르고 달래도 둘의 싸움은 잦아지지 않았다. 오히려 장난기가 더해져 소리는 점점 커졌다.

혹여나 이웃에서 민원을 넣지는 않을까 노심초사하던 어느 날, 개들을 데리고 산책을 다녀오는 길이었다. 우리 집 녀석들 때문에 가장 시끄러울 옆집 할머니를 만난 건 바로 그때였다. 죄송한 마음이 앞서 눈도 마주치지 못하고 있는데 할머니께서 먼저 말씀을 건네셨다. 고놈들 참 귀엽고 예쁘다고, 15년 키운 강아지가 작년에 죽었는데 아직까지 많이 생각난다는 할머니의 말씀과 배려에 내 마음은 따뜻해졌다.

그날 이후 할머니께 고마움을 표현하고 싶은 마음에 좋은 견과만 몽땅 모아서 타르트를 구웠다. 예쁘지는 않아도 몸에 좋은 재료를 가득 넣은 내 마음이 조금은 전달되길 바라면서.

할머니께 너무 시끄러워서 죄송하다는 말씀과 함께 타르트를 선물해 드렸다. 무척 좋아하시는 할머니의 얼굴을 보니 기쁘면서도 우리 집 개

구쟁이 두 녀석의 입을 막아야겠다는 생각이 들었다. 네 살이나 먹은 시츄의 성격을 고치는 게 쉬운 일은 아니었지만, 오히려 관용으로 이웃을 대해준 옆집 할머니께 고맙고 죄송한 생각에 그 이후로 무던히 노력했고 지금은 한결 조용해졌다. 반려견을 키우며 나올 수 있는 문제들을 맞닥뜨릴 때마다 조용한 시골에 가서 살고 싶다는 생각을 하지만, 이렇게 고마운 이웃을 만날 때면 서울도 아직 살 만하구나 느끼게 된다.

할머니께서 보여준 너그러운 마음이 나와 우리 개들의 마음을 움직였다는 생각에 가슴 뿌듯한 날이다. 건강한 디저트로 내 마음이 잘 전달되었길!

| 견과 타르트 |

[타르트 지] 72쪽 레시피 참고
[필링] 흑설탕 80g ● 시럽 80g ● 달걀 1.5개 ● 버터 70g ●
견과 200g(피칸, 아몬드, 피스타치오, 아몬드)

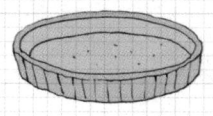

1··· 타르트 지를 준비한다.

2··· 볼에 설탕, 달걀, 시럽을 넣고 잘 섞어준다.

3··· 2에 녹인 버터를 넣고 섞어준다.

4··· 3에 견과를 넣고 잘 섞는다.

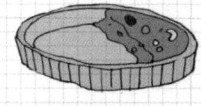

5··· 1의 타르트 지에 4의 반죽을 붓고
180도로 예열한 오븐에서 25~30분간 구워주면 완성!

밸런타인데이 좋은데요

가나슈 구겔호프

입에서 사르르 녹는 가나슈로 만든 케이크를
함께 먹으며 끝나가는 겨울을 마무리하고,
곧 시작될 연인들의 봄을 준비하는 것도
꽤 의미 있는 일이 되지 않을까.

　　겨울이 지겨워지기 시작하는 1월 말쯤에 눈에 자주 보이는 광경이 있다. 밸런타인데이를 앞두고 대부분의 베이커리와 편의점에서 초콜릿을 팔기 위해 총력전을 벌이는 것이다. 2월 14일, 연인들을 긴장시키는 그들만의 잔치가 시작되는 것이다.

　　어찌 보면 상업적인 이벤트라고 생각할 수 있겠지만, 사랑하는 사람을 위해 작은 선물을 준비하고 서로를 아껴주는 마음을 확인할 수 있다는 점에서 밸런타인데이가 그리 나쁘지 만은 않다.

　　초콜릿은 초콜릿 전문가만이 만들 수 있다고 생각했던 그녀는 사랑하는 그를 위해 서툴지만, 재료를 구입하고 난생처음 템퍼링을 해보기도 한다. 몇 개 만들지도 않았고, 그럴싸하게 만들어지지도 않았지만 주방은 초콜릿 향으로 초토화되는, 만드는 내내 초콜릿 냄새를 맡아서 그 좋아하던 초콜릿도 당기지 않는 밸런타인데이 전날.

　　그렇게 낑낑거리며 준비한 초콜릿을 들고 그를 만나러 가는 그녀는 기분이 좋다. 비록 파는 것처럼 완벽한 외형을 갖추지는 못했지만, 그래도 제법 초콜릿이라고 말할 수 있을 정도로 만들어졌고 그녀의 정성이 담긴 초콜릿을 받고 기뻐할 그를 생각하니 행복해진다.

　　그녀가 건네는 작은 초콜릿 박스를 받은 그 또한 행복하다. 초콜릿을 좋아하지 않지만, 그녀가 만들어준 음식이라는 생각에 입가에 미소가 걸린다.

초콜릿을 많이 팔려는 상술이라는 이야기도 맞을 수 있지만, 사랑하는 사람을 위해 무언가를 만들어 선물하는 날이 있다는 게 얼마나 낭만적인가. 유명 초콜릿 가게에서 파는 것처럼 입에서 녹아내리는 초콜릿과는 비교할 수 없겠지만 세상에 단 하나뿐인 초콜릿이라는 의미가 더 있지 않은가.

좀 더 특별한 밸런타인데이 선물을 하고 싶다면 브라우니나 가나슈 구겔호프를 추천한다. 초콜릿보다 빵이 더 어려울 것이라 생각하는 남자들이 대부분이기 때문에, 선물받을 때 감동도 더 커지게 마련이다.

입에서 사르르 녹는 가나슈로 만든 케이크를 함께 먹으며 끝나가는 겨울을 마무리하고, 곧 시작될 연인들의 봄을 준비하는 것도 꽤 의미 있는 일이 되지 않을까.

마지막으로 화이트데이에는 딱딱한 사탕보다는 고운 색감의 마카롱과 꽃을 선물하는 남자가 있었으면 좋겠다. 나만 그런 건 절대 아닐 거다.

| 가나슈 구겔호프 : 작은 사이즈 6구 분량 |

박력분 110g • 설탕 80g • 버터 80g • 코코아파우더 15g • 우유 40g •
달걀 1.5개 • 베이킹파우더 4t • 다진 호두 1T
[가나슈] 266쪽 레시피 참고

1··· 실온에 둔 버터를 풀어준 뒤
설탕을 두 번에 나누어 넣어가며 섞어준다.

2··· 1에 달걀을 두세 번에 걸쳐 넣어가며
아이보리색을 띨 때까지 섞어준다.

3··· 2에 체 친 가루와 다진 호두를 넣고
주걱으로 가르듯이 섞는다.

4··· 버터를 바른 구겔호프 틀에
반죽을 8부 정도 채운 뒤,
170도로 예열한 오븐에서 15분가량 구워준다.

5··· 4의 구겔호프를 식힌 뒤
그 위에 가나슈를 얹어준다.

초코미니구겔호프

가나슈

초콜릿 디저트를 만들 때 빼놓을 수 없는 가나슈. 이름처럼 부드럽고 진한 초콜릿이 감
도는 가나슈는 웬만한 디저트에 모두 잘 어울릴 정도로 맛있다. 생크림과 다크 커버처
초콜릿이 부드럽게 녹아 어우러진 뒤 빵이나 케이크와 만나면 이보다 더 달콤한 조합이
없다. 바삭하게 구운 타르트 지에 가득 채우면 가나슈타르트가 되고, 맛있게 구운 파운
드케이크 위에 얹으면 초콜릿 파운드케이크가 되기도 한다. 질감 있게 만든 뒤 구운 과
자 위에 올려도 참 맛있는 가나슈.
쉬운 레시피로 고급스러운 디저트 맛을 내고 싶을 때 추천하는 메뉴이다.

가나슈

Ganache

1··· 중약불에서 다크 커버처 초콜릿을 중탕으로 녹여준다.
2··· 1에 생크림을 조금씩 넣어가며 저어준다.

친구의 디저트
달콤한 순간을 만드는 디저트

ⓒ 김지혜, 2014

초판 인쇄	2014년 9월 5일
초판 발행	2014년 9월 12일

지은이	김지혜
펴낸이	정민영
책임편집	박주희
편집	임윤정
디자인	백주영
마케팅	이숙재
제작처	영신사

펴낸곳	(주)아트북스
브랜드	**앨리스**
출판등록	2001년 5월 18일 제406−2003−057호
주소	413−120 경기도 파주시 회동길 216 2층
대표전화	031−955−8888
문의전화	031−955−7977(편집부) | 031−955−3578(마케팅)
팩스	031−955−8855
전자우편	artbooks21@naver.com
트위터	@artbooks21
페이스북	www.facebook.com/artbooks.pub

ISBN	978−89−6196−177−6 13590